职业院校餐饮类专业新形态教材

# 翻糖蛋糕制作


主　编　周　毅　吴　雷

副主编　葛家敏　徐寅峰　戴　伟　谢　玮
　　　　唐佳丽　龙群华　王　黎　朱镇华

参　编　李　文　伍春林　叶婉秋　王　浩
　　　　张远宏　陈晓军　熊华涌　杨　谋
　　　　曹永华　胡凯杰　姜　洲　金　纯
　　　　何采虹　封德元　闫洪超　董晓静

机械工业出版社
CHINA MACHINE PRESS

本书根据烹饪专业学生的学习特点，参照西式面点师、糕点装饰师国家职业技能标准相关知识技能要求编写，注重动手能力与应用能力的培养，理论与实践相结合，深入浅出，可学性强。本书共 6 个项目，包含翻糖的基础知识、蛋糕造型设计、制作蛋糕包面、制作翻糖花卉、制作糖霜吊线与糖霜饼干、制作卡通类翻糖蛋糕。

本书图文并茂，配套丰富的操作视频，可作为高等职业院校烹饪工艺与营养、中西面点工艺等专业师生学习的教材，也可作为职业技能等级认定、翻糖蛋糕技能培训的参考书。

本书配有电子课件，凡使用本书作为教材的教师可登录机械工业出版社教育服务网 www.cmpedu.com 注册后下载。咨询电话：010-88379534，微信号：jjj88379534，公众号：CMP-DGJN。


**图书在版编目（CIP）数据**

翻糖蛋糕制作 / 周毅，吴雷主编. — 北京：机械工业出版社，2024.7
职业院校餐饮类专业新形态教材
ISBN 978-7-111-75506-7

Ⅰ. ①翻… Ⅱ. ①周… ②吴… Ⅲ. ①蛋糕 - 制作 - 高等职业教育 - 教材
Ⅳ. ①TS213.23

中国国家版本馆CIP数据核字（2024）第067001号

机械工业出版社（北京市百万庄大街22号 邮政编码100037）
策划编辑：范琳娜 卢志林 责任编辑：范琳娜 卢志林
责任校对：郑 雪 张亚楠 责任印制：常天培
北京宝隆世纪印刷有限公司印刷
2024年8月第1版第1次印刷
185mm × 260mm · 10.25印张 · 190千字
标准书号：ISBN 978-7-111-75506-7
定价：59.80元

| 电话服务 | 网络服务 |
| --- | --- |
| 客服电话：010-88361066 | 机 工 官 网：www.cmpbook.com |
| 010-88379833 | 机 工 官 博：weibo.com/cmp1952 |
| 010-68326294 | 金 书 网：www.golden-book.com |
| **封底无防伪标均为盗版** | 机工教育服务网：www.cmpedu.com |

## 职业院校餐饮类专业新形态教材

# 丛书编审委员会

# 序

随着时代的飞速发展，餐饮行业作为我国服务业的重要组成部分，迎来了前所未有的繁荣和变革。2023 年全国餐饮收入已突破 5 万亿元，同比稳步增长。无论是传统餐饮的坚守与传承，还是新型餐饮模式的横空出世，餐饮行业的每一步发展，都深刻影响着人们的生活方式和社会经济的发展。与此同时，餐饮行业的市场结构和消费模式也在不断变化，外卖平台、共享厨房、智慧餐厅等新兴模式层出不穷，消费者对餐饮的需求也从单纯的“吃饱”转向“吃好”“吃出健康”和“吃出个性”。

传统餐饮与现代科技的融合正逐渐成为主流趋势。人工智能、大数据、物联网等新技术的应用，为餐饮企业提供了新的发展机遇和挑战。从智能点餐、机器人送餐，到精准营销、供应链管理，这些技术不仅提升了餐饮企业的运营效率，更是改善了消费者的用餐体验。

面对迅猛发展的餐饮行业，人才培养的重要性日益突显。烹饪专业职业教育作为培养餐饮行业中坚力量的重要途径，不仅肩负着传承烹饪技艺的重任，更承担着培养现代化、复合型烹饪人才的使命。烹饪专业职业教育需要紧密结合行业发展趋势，改革创新，培养符合现代餐饮行业需求的高素质人才。具体体现在以下几个方面：

1. **复合型技能**：现代餐饮行业要求从业人员不仅具备高超的烹饪技艺，还需要掌握食品安全、营养学、餐饮管理等多方面的知识。这就要求学生在校期间能够接受多元化的知识教育，培养跨领域的综合能力。

2. **创新能力**：随着消费者需求的多样化和个性化发展，餐饮行业需要不断创新菜品和服务。教学中应注重培养学生的创新思维，鼓励他们在传承传统烹饪技艺的基础上，敢于尝试新技术、新方法，开发出符合市场需求的创新产品。

3. **管理能力**：餐饮行业的现代化进程需要大量具备管理能力的人才。教学中应加强餐饮管理课程的设置，包括餐饮企业运营、市场营销、成本控制、人力资源管理等方面的内容，培养学生的管理能力和经营意识。

4. **信息技术应用**：信息化已经成为餐饮行业发展的重要驱动力。教学中应融入信息技术，教授学生如何使用智能餐饮设备、大数据分析工具等，提升学生在信息化环境中的适应能力和竞争力。

为顺应餐饮行业的发展需求，满足烹饪专业教育的实际需要，世界中餐业联合会与机械工业出版社依照全新“高等职业教育专科烹饪工艺与营养专业教学标准”联合组织编写了该套“职业院校餐饮类专业新形态教材”。本套教材在编写过程中，充分考虑了餐饮行业的最新发展趋势和烹饪专业教育的特点，力求做到内容科学、实用，体系完整、逻辑清晰，编写特点如下：

1. **内容丰富全面**：教材涵盖了烹饪专业所需的基础知识和核心技能。从食材选择、营养搭配，到烹饪技法、菜品设计，教材内容既有理论深度，又密切结合实践操作，帮助学生全面掌握烹饪专业知识。

2. **注重实践操作**：教材突出实训教学的重要性，设计了大量实训项目和案例分析，通过具体操作和实际案例，帮助学生在实践中巩固所学知识，提升实际操作能力。同时，教材还特别关注食品安全、营养健康、绿色餐饮等当下热点问题，培养学生的食品安全意识和健康饮食理念。

3. **引入现代餐饮管理和新技术**：教材引入了现代餐饮管理和新技术应用的相关内容，包括餐饮供应链管理、智能餐饮设备的使用等，帮助学生了解现代餐饮行业的运作模式和管理方法，提升综合素质和职业竞争力。

4. **多元化的学习资源与互动平台**：在传统纸质教材的基础上，增加配套的数字化学习资源，如在线课程、互动练习、虚拟厨房体验等。通过多样化的学习方式，提供丰富的学习资源和灵活的学习平台，帮助学生全方位掌握烹饪知识和技能。

这套教材的出版，将在人才培养、技术创新、行业规范和国际交流等多个方面对餐饮行业产生积极而深远的影响。期待这套教材能够成为烹饪专业职业教育领域的标杆，为全球餐饮业的发展培养更多优秀的人才。

衷心感谢所有参与本套教材编写的专家和教师，你们的辛勤付出和专业智慧，为教材的高质量编写提供了坚实保障。希望广大读者能够通过本套教材，收获知识、提升技能，为实现自己的职业梦想打下坚实基础。

世界中餐业联合会会长

# 前　言

近年来，烘焙行业蓬勃发展，随着市场规模不断扩大、本土烘焙品牌陆续加入、供应链越来越优化，出现了专业人才短缺的现状，助推了烘焙教育迅速发展，开设烘焙相关课程的职业院校越来越多。翻糖作为一种独特的蛋糕装饰技巧，已经成为各种庆典、婚礼和特殊场合的热门选择。掌握从基础到进阶的翻糖蛋糕制作技能，不仅能提升就业竞争力，还能够在创业和个人兴趣发展中找到更多机会。

“翻糖蛋糕制作”是烹饪工艺与营养、中西面点工艺等专业的拓展课程，其功能是对接专业人才培养目标，面向西点师、裱花师等工作岗位，培养翻糖蛋糕制作能力，为后续糖艺及巧克力制作等课程学习奠定基础。

本书根据烹饪专业学生的特点，参照西式面点师、糕点装饰师国家职业技能标准相关知识技能要求，在典型操作实例中融入岗位所需要的基础知识和基本技能。本书以具体任务为载体，倡导在做中学、在学中做，提高学生自主学习的能力，启发思路，举一反三，培养学生的创新能力，以适应本行业发展的需要。

本书包含理论基础与实践操作，共 6 个项目，19 个任务，使用本书教学共需 68 个学时，具体安排见下表（供参考）：

| 模块类别 | 教学内容 | 学时数 | | |
|---|---|---|---|---|
| | | 合计 | 理论 | 实践 |
| 基础模块 | 掌握翻糖的基础知识 | 4 | 4 | — |
| | 掌握蛋糕造型设计 | 4 | 4 | — |
| 实践模块 | 制作蛋糕包面 | 8 | — | 8 |
| | 制作翻糖花卉 | 36 | — | 36 |
| | 制作糖霜吊线与糖霜饼干 | 8 | — | 8 |
| | 制作卡通类翻糖蛋糕 | 8 | — | 8 |
| 合计 | | 68 | 8 | 60 |

本教材由苏州市糖王艺术培训有限公司周毅、江苏旅游职业学院吴雷任主编；无锡金茂商业中等专业学校葛家敏，苏州市卡莱恩文化创意有限公司徐寅峰，苏州市糖王艺术培训有限公司戴伟、龙群华，苏州市仙妮贝儿食品有限公司谢玮、唐佳

丽，吉林工商学院王黎，四川旅游学院朱镇华任副主编；无锡南洋职业技术学院李文，广西华南烹饪技工学校伍春林，广西生态工程职业技术学院叶婉秋，绍兴技师学院王浩，江苏省惠山中等专业学校曹永华，江苏省相城中等专业学校胡凯杰，苏州市糖王艺术培训有限公司张远宏、陈晓军、熊华涌、杨谋、姜洲、金纯、何采虹、封德元、闫洪超、董晓静参与编写。周毅负责全书的统稿。

鉴于编者的水平有限，书中难免有疏漏之处，望使用本教材的师生和读者批评指正，以便及时修订。

编者

# 目　录

# 项目一 掌握翻糖的基础知识

## 项目导学

翻糖常用于蛋糕和西点的表面装饰，它比用奶油装饰的蛋糕保存时间长，而且美观、立体，容易成型，在造型上发挥空间比较大，视觉效果更好，越来越受到人们的重视。

## 项目目标

**知识教学目标：**通过本项目的学习，了解翻糖的概念和翻糖蛋糕的分类，掌握制作翻糖常用的原料和辅料知识。

**能力培养目标：**熟练运用所学知识与技能制作翻糖膏，为全面掌握翻糖设计和装饰打下良好基础。

**职业情感目标：**培养自主、自发的学习精神，养成敬业、专注、精益求精、创新的工匠精神。

## 任务一　掌握翻糖的基本概念

### 任务导入

翻糖，主要由葡萄糖浆、糖粉、明胶、纤维素、玉米淀粉等多种原料制成，是制作翻糖蛋糕的主要装饰材料。它源自于英国的艺术蛋糕，风行于欧美国家，是当前庆典场合中使用最广泛的蛋糕装饰。

1. 了解翻糖的概念。
2. 掌握翻糖膏制作的操作技术及要点。
3. 在制作翻糖膏时，养成勤俭节约的意识和良好的安全卫生习惯。

作为近年来的后起之秀，翻糖蛋糕正在时代的舞台上大展拳脚。在结婚庆典、日常节庆宴会，乃至各种产品发布会等场合，越来越多地出现了翻糖蛋糕的身影。翻糖蛋糕以其栩栩如生的形象，优雅精致的造型，浓淡得宜的色彩，受到越来越多人士的认可。而传统奶油蛋糕，受制于材质，只能做简单的造型和调色，容易变质、变形，只能短期保存。所以在大中型宴会或会议上，翻糖制作的蛋糕、甜点、伴手礼逐步进入了大众的视野，使越来越多的人了解翻糖这种新兴材料。

## 一、翻糖的概念

### 1. 翻糖的定义

翻糖音译自 Fondant，常用于蛋糕和西点的表面装饰。主要以葡萄糖浆、糖粉、奶粉、柠檬汁、天然调味香精、白奶油、明胶、纤维素、玉米淀粉等为主要原料，以纯净水为辅料，通过揉糖、搅拌形成白色的团状物，是制作翻糖蛋糕最主要的原料。以翻糖包面、装饰的蛋糕就叫翻糖蛋糕。

它不同于我们平时吃的奶油蛋糕，以翻糖代替常用的奶油，用翻糖制作出各种各样的花卉、动物、人偶等装饰在蛋糕上，赋予蛋糕特别的主题和意义，使蛋糕如艺术品一般精致、华贵。

### 2. 翻糖蛋糕的特点

（1）可塑性强　翻糖可制作出各种各样的立体造型，其艺术性是其他蛋糕无法比拟的，充分展示了艺术与个性的完美结合。而造型，也是衡量蛋糕艺术性的标准，糖花技术更被视为难点之一。查理王子和凯特王妃的婚礼蛋糕上装饰的就是可以以假乱真、美轮美奂的糖花。

（2）保存期限长　翻糖蛋糕的材料主要以糖为主，外表密封严实，可防止蛋糕内水分蒸发，所以保存时间长，且能长时间不变形。

（3）价格昂贵　翻糖蛋糕精致的外观，是翻糖师纯手工一点一滴捏塑出来的，需要几天、十几天，甚至一个月的时间，方能精雕细琢而成，自然价格不菲。

（4）方便运输　翻糖蛋糕可以拆解，方便运输。

## 二、翻糖蛋糕的分类

翻糖蛋糕大体分为捏塑造型类蛋糕和糖花类蛋糕两种。捏塑造型类蛋糕以捏塑为特点，糖花类蛋糕以糖花和翻糖模具制作的造型为特色。但现在，蛋糕师们互相吸收彼此借鉴对方的长处和特点，所以已经区分得不明显了。

捏塑造型类蛋糕

糖花类蛋糕

## 三、翻糖蛋糕的材料

翻糖蛋糕的原材料根据使用场合的不同，主要分为3大类：翻糖膏、干佩斯、蛋白糖霜。

### 1. 翻糖膏

翻糖膏主要由葡萄糖浆、糖粉、奶粉、柠檬汁、天然调味香精、白奶油、明胶、纤维素、玉米淀粉等原料调制而成。其主要用于翻糖蛋糕的包面，以及翻糖杯子蛋糕、翻糖饼干及简单的小配件制作。

翻糖膏是用来做翻糖皮的，质量好的翻糖膏质地细腻，无颗粒感，延展性和定型性极佳，表面如丝绸般顺滑。拥有透明度高、色泽洁白、手感扎实等特点。保湿性强，包面时不易出现破口、褶皱，可以反复使用，容易操作，初学者也能轻松上手。使用范围极广，在制作欧式“布纹”和“窗帘”时效果极佳。

调制方法如下。

**材料：** 糖粉2000克，浓缩泰勒粉10克（英文简称CMC），明胶35克，水180克，葡萄糖浆150克

**做法：**

①将糖粉和浓缩泰勒粉拌匀。

②将明胶加水泡软，放入微波炉里加热两分钟，使其溶化，加入葡萄糖浆拌匀。倒入拌匀的糖粉和泰勒粉，揉成团即成。

*以上为基础配方，可在此基础上，根据实际需求，增加奶粉、天然调味香精、白奶油等增添风味。

如果增加粉类，可与糖粉混合；如果增加液体，可与水混合；如果增加油脂，可在揉制过程中加入。

现在市场上有调制好的成品翻糖膏出售，使用十分方便，分为原味翻糖膏和奶香味翻糖膏，除了味道和口感，其他性质基本相同。

（1）原味翻糖膏　原味翻糖膏可以加入各种香料，调制出不同的口感。

（2）奶香味翻糖膏　奶香味翻糖膏与原味翻糖膏最大的不同点在于它的口感，入口有一股纯正的奶香味，口感更好，味道更纯正。高质量的奶香味翻糖膏具有高保湿、手感细腻、操作性强等优点，蛋糕制作好两天内不会干掉，会一直

保持柔软。

### 2. 干佩斯

干佩斯由蛋白粉、明胶、葡萄糖浆等原料调制而成。根据用途不同，又分为以下几种。

（1）花卉干佩斯　花卉干佩斯是一种延展性强、定型快、干燥时间短的翻糖原料，能够制作出生动精细的花枝叶脉、花瓣纹路。用花卉干佩斯制作出来的糖花造型生动逼真，花瓣轻薄、透光性强，整体效果非常好。

好的花卉干佩斯选用轻微保湿性原材料，使得干燥时间延长但又不会影响作品的定型效果，适合制作一些精细的小物件，不会在操作过程中很快出现干裂、死痕等情况。制作花瓣时可以一次性多擀出 5~10 瓣备用，提高工作效率的同时不影响成品效果，初学者也能做出精美的糖花。

（2）人偶干佩斯　人偶干佩斯是根据现代翻糖使用情况而衍生出的一种新产品。与花卉干佩斯一样，人偶干佩斯的出现就是为了让大家在制作人偶时更好上手。其表面细腻光滑，干燥慢，定型快，不粘手，适合刻画人物的五官及一些精巧的零件，表现皮肤细腻的质感。干燥速度慢可以让我们拥有充足的操作时间，不用担心表面干裂。而在制作手臂、头发时就能体现出定型速度快的好处了，制作好的部件摆放 5 分钟就开始固化，方便操作。

（3）柔瓷干佩斯　柔瓷干佩斯和传统材料相比，在柔韧性、保湿性、透光性等方面显著提升。用柔瓷干佩斯做好的仿真花卉，花瓣柔软、纹路清晰、不易破损，与真花一般无二。也同样因为柔瓷的优点，在制作人物的服饰时，柔韧性好，不易破损，透明度高，使得服饰更通透，仿真度高。柔韧性好使得材料可以反复操作折叠，不会因为材料干燥发愁，对于人物服饰的制作绝对是一大助力。

（4）防潮糖牌干佩斯　防潮糖牌干佩斯能防潮，适合做很多配件类产品，如小公仔、装饰花卉、糖牌、半立体配件等，可在淡奶油蛋糕、甜品、冰激凌上当装饰使用。手感细腻扎实，不粘手、不粘桌子、不粘工具，脱模容易，质地柔软好操作，干燥后防潮效果极佳。

（5）通用防潮干佩斯　通用防潮干佩斯的特点是防潮、防水，延展性强，可与淡奶油蛋糕等甜品直接接触，一般用于制作糖牌、装饰花卉、公仔，以及半翻糖蛋糕、大蝴蝶结蛋糕等。

（6）即时蕾丝膏　即时蕾丝膏是代替传统蕾丝粉的新型产品，不仅价格更低，而且省去了中间等待脱模的时间，即刮即用。色泽洁白，可以调配任何想要的颜色，延展性极佳，在脱模时不会发生断裂的情况。手感更加柔软，在刮蕾丝时更省力，就算是女生也能轻易刮得动。

### 3. 蛋白糖霜

蛋白糖霜由糖粉、蛋白粉、水、天然调味香精调制而成，不同状态的糖霜可以演绎出不同的效果。糖霜主要用于制作婚礼蛋糕吊线、圣诞姜饼屋、糖霜饼干、蛋糕装饰等。可以按照需求调节糖霜的软硬度，用于不同的装饰与造型。

## 四、翻糖蛋糕的构成

一般翻糖蛋糕分成两个部分：一部分是可食用体，另一部分是艺术造型保存体。可食用体部分不可放铁丝等不可食用的材料（但可以选择纸棒这种安全的可与食品接触的材料，或者用意大利面、粉丝等作为支撑）。艺术造型保存体部分不可食用，可以使用铁丝等材料作为造型和支撑的基础，但一定要和可食用体分隔开，如使用食品级塑料膜或铝箔纸等将其分开。或者将可食用部分和不可食用部分做成两个单独的个体，组合在一起，如艺术造型保存体在上面，可食用体在下面，中间用蛋糕托盘分隔开来。应明确告知消费者哪部分是不能食用的，仅用于艺术表达和收藏。总的说来就是：食用部分和非食用部分，应该分隔开。

1. 简述什么是翻糖。
2. 简述翻糖材料的分类及特点。

# 任务二　了解翻糖的起源和发展

翻糖起源于英国，在国际融合的大趋势下，中外交流日益频繁，国外先进的材料和技术，逐步被国人采纳和认可。而作为西点界佼佼者的翻糖，也日渐走入寻常百姓家。

1. 了解翻糖的起源和发展历史。
2. 掌握翻糖在我国的发展历程。
3. 培养学生对丰富多彩的翻糖世界的探索精神。

## 一、翻糖在国外的起源和发展

翻糖蛋糕最初的起源，历史没有确切记载。但在19世纪初，英国人开始用翻糖材料装饰各种糕点。英国维多利亚时代的贵族聚会上，开始出现了翻糖蛋糕的身影。现在有各种现成的翻糖材料售卖，但在当时，一切都要从零开始，制作过程较为复杂，失败率高，成本昂贵，所以又被称为皇家蛋糕。

20世纪六七十年代，翻糖蛋糕的造型得以扩展，受到了更广泛的关注。在此之前翻糖材料都用来捏塑成各种造型装饰蛋糕。而从这个年代开始，出现了翻糖皮，用以覆盖在蛋糕上，使蛋糕表面更为平整，看起来细腻丝滑，并搭配上翻糖捏塑的花朵、动物等造型，具有立体的形状，非常美观，而且保存时间更长，用它装饰的蛋糕风行于欧美国家的婚礼、生日、派对等庆典场合。

如今，在西方国家，翻糖蛋糕花样翻新，各种新的造型推陈出新，甚至出现了油画效果的翻糖蛋糕，其艺术性和创新性达到了前所未有的新高度。

翻糖蛋糕因其美观的造型和耐储存性，在国外已经成为非常流行和受欢迎的蛋糕类型。

## 二、翻糖在我国的起源和发展

2009 年翻糖进入中国高端市场，因为了解翻糖蛋糕的人很少，会制作翻糖的人才更少，且因为价格昂贵，大众接受度很低。

随着国内的西点人才走出国门去学习和进修，2012 年前后翻糖蛋糕开始进入大众市场，一直发展缓慢，此时由于价格还是较为昂贵，所以主要用于高端婚礼或聚会等。

2017 年，是翻糖蛋糕在我国发展的里程碑，自此翻糖蛋糕进入急速发展期，“飞入寻常百姓家”。这一年发生了一件大事：在英国举行的世界翻糖大赛（Cake International）中，周毅创作的“武则天”这个翻糖作品，获得全场最高奖，成为第一个获奖的中国人！另一个作品“醉卧忘忧境”获得铜奖。无数的媒体采访，将周毅和翻糖艺术，展示在了全国人民面前，一时间掀起了翻糖艺术在国内发展的高峰，古老的技艺焕发出全新的生机，吸引了无数国人的眼光，真正走入了老百姓的生活。翻糖蛋糕已成为婚礼专属蛋糕。因为翻糖可塑性、延展性极强，能做出各种美轮美奂的造型，有着工艺品般的质感。而传统蛋糕由于材料的原因，只能做出简单的造型，且由动物性或植物性奶油制作而成，脂肪含量高；而翻糖蛋糕主要成分是糖，相对来说更健康，符合现代人追求健康的理念。

武则天

如今，翻糖艺术在我国达到了全新的高度，焕发出全新的光彩，体现了匠人们追求卓越的创造精神。在翻糖蛋糕发展的历史长卷上，匠人们开创了翻糖蛋糕发展的新时代，而他们的成果，也作为两岸文化交流的重要内容，得以让更多的人看见。第 9 页的两张小图为 2023 年周毅团队的作品在我国澳门地区美高梅

醉卧忘忧境

酒店举办的殿“糖”雕塑艺术特展上进行展示时的情景。

随着众多翻糖蛋糕相关品牌及蛋糕爱好者的不断推广，翻糖蛋糕市场已经从一二线城市，逐渐向三四线城市推进，且发展速度较快。翻糖蛋糕价格较高，大型复杂翻糖蛋糕几千元至几十万元，甚至几百万元不等。高端的翻糖师是烘焙界急需的人才，好的翻糖师工资相当可观，因为消费者是高收入人群。

## 任务检测

1. 简述翻糖在国外的起源和发展历史。
2. 翻糖是何时进入我国的？目前在我国的发展状况如何？

# 项目二 掌握蛋糕造型设计

随着国内烘焙行业的不断发展，与国外烘焙技艺交流的增多，人们已经不再将蛋糕仅仅视为一种食物或一款甜品，而是赋予蛋糕更多的文化价值和艺术欣赏价值。

**知识教学目标：** 通过本项目的学习，了解蛋糕造型设计的意义，掌握蛋糕造型设计常用的构图法。

**能力培养目标：** 熟练运用所学知识与技能进行蛋糕造型设计，能独立设计出不同类型的蛋糕造型。

**职业情感目标：** 培养学生的审美意识和创新思路。

## 任务一　掌握蛋糕造型构图

蛋糕的制作和装饰，已不再局限于简单的造型和装饰物。能让人惊艳的蛋糕造型设计，需要设计者更多地体验生活，发现生活之美，将所见所

闻所感产生的灵感和巧思运用到蛋糕造型设计中。

1. 了解蛋糕造型设计的意义。
2. 掌握蛋糕造型设计常用的构图法。
3. 引导学生养成创新的思维方式和探索精神。

蛋糕造型从单层到多层，从圆形到各种形状，从花卉到卡通……再加上各种或浓墨重彩，或清淡雅致的颜色，使蛋糕的造型设计存在无数的可能性。以下重点介绍蛋糕造型设计构图的类型和原则。

## 一、蛋糕造型构图的类型

蛋糕在制作前，需要进行构思和布局。这个过程包括蛋糕主题的确定、表现形式、色彩搭配、所用材料、形状大小、位置分配等内容的安排和调整，以追求和谐自然、美观大方的效果。蛋糕构思和布局的好坏直接影响后期操作的顺利程度，以及最后的呈现效果。

蛋糕造型构图的类型主要有对称型、错落型、线条型、合围型等。

### 1. 对称型

这是比较传统的构图方式，蛋糕左右或上下的颜色、形状、装饰等，是完全对称的，看起来比较整齐简洁。重叠型蛋糕也可以划入此类，重叠型蛋糕一般为多层蛋糕，每层除了大小不同，结构和装饰完全一样，制作较为简单。

### 2. 错落型

这种蛋糕的构图疏密有致，自然和谐，能够更加突出主体，形成对比关系，有韵律感，不落俗套，别具一格。

### 3. 线条型

这是点线面结合的构图方式，虽然是传统的构图技法，但现在已经赋予了新的元素，用全新的方式阐释出不一样的效果。

### 4. 合围型

这类蛋糕常见的构图为 V 形、S 形、C 形等，虽然也是传统的工艺，但在新材料和新创意的加持下，能使蛋糕充满时尚和创意感。

## 二、蛋糕造型构图的原则

### 1.“少即是多”的原则

蛋糕设计中，不能把所有零件一股脑全用上，没有重点、杂乱无章是设计的大忌。在思路未明确的情况下，可参考“少即是多”的原则，无论配件还是颜色，尽量简明、清爽，免得喧宾夺主，主次不分。这也正是中国美学中讲的留白。

### 2. 色彩搭配遵循规律

颜色使用要遵循色系搭配的规则，使用互补色、同类色、相似色等比较保险的色彩方案；比较前卫的设计师可能也会大胆使用撞色，但要记得总体美观和谐，不可过于突兀。

### 3. 构成元素的和谐

无论是简单的单层蛋糕，还是多层立体蛋糕，基本元素都是点、线、面，若干点会形成线，若干线会形成面，处理好三者之间的关系，在设计中尤为重要，总体要达到平衡的效果，不可顾此失彼。

### 4. 视觉平衡

视觉平衡对蛋糕来说非常重要，它决定蛋糕看上去是舒适的和谐的，还是有着说不出的别扭。这里的平衡不仅是形状的平衡，还有尺寸的平衡、质地的平衡、色彩的平衡。一个设计成功的蛋糕就是一件艺术品，或喜庆，或明艳，或清淡，总之各元素之间要达到微妙的平衡，在平衡的原则下才能进行创新，不能为了创新而枉顾视觉上的舒适。

1. 蛋糕造型构图的类型有哪些？

2. 蛋糕造型构图的原则是什么？

# 任务二　解析蛋糕造型实例

蛋糕，是生活的美好点缀。蛋糕设计也会因时而异，在不同的场合，设计不同的造型。如果想要在蛋糕造型设计上有所突破，给人眼前一亮的视觉效果，就需要花一番功夫学习及动手操作。

### 任务目标

1. 蛋糕造型设计的理论运用于实践。

2. 培养学生的审美意识和职业素养。

### 相关知识

蛋糕造型千变万化，好的造型既能产生美感，又能体现蛋糕师的意境和风格，以下用实例来讲解蛋糕的造型设计。

## 子任务一　解析秋意森系复古翻糖蛋糕

1）设计理念：以错落型结构为主的设计类型，突出空间感和多样性。

2）结构：蛋糕共 7 层，每层的大小和形状都不尽相同，但错落有致，达到一种奇妙的平衡。线条的环绕延伸，拉伸蛋糕整体的视觉效果，增添动感，体现出巧妙的设计思路。

3）色彩：采用大面积复古橘色，以黄色、红色、绿色点缀，暖色调的搭配营造出浓郁的秋意森林气息，呼应主题。

## 子任务二　解析梦幻少女心蝴蝶仙子翻糖蛋糕

1）设计理念：整体采用C形构图。

2）结构：3层圆形蛋糕。设计出C形构图，具有曲线美的特点，将主体人物设计在C形缺口处，使视觉随着C形弧线推移到主体对象，更好地突出主体焦点，画面简洁明了。白色枝干的盘升，围绕C形构图的曲线，使整体更为灵动优美，增添空间感。

3）色彩：整体色彩选用低饱和度的粉色、紫色系，花丛采用渐变浅粉色，颜色不会喧宾夺主，突出主体的同时增添了温柔的氛围；紫色作为人物裙子主体色，呼应花的粉色，使色彩搭配更为协调，温柔且耐看。

## 子任务三　解析梦幻芭蕾舞女翻糖蛋糕

1）设计理念：以 S 形构图为主。

2）结构：阶梯的设计使蛋糕整体具有衍伸变化的特点，使画面看上去有韵律感，产生优美雅致、协调的感觉，这种富有变化的曲线构图形式，更具美感，使整体增添活跃气氛；主体人物延伸也循着 S 形曲线的走向来设计，切合整体的动态，视觉上增添了灵动美感。

3）色彩：整体色彩搭配以低饱和度的蓝色、紫色系为主，典雅清新，贴合主题，高级灰的颜色大气明澈。

根据所学知识，独立设计一款蛋糕造型。

# 项目三 制作蛋糕包面

蛋糕包面是制作翻糖蛋糕的基础，掌握蛋糕包面制作技术，对学习翻糖蛋糕知识，熟悉翻糖蛋糕制作流程、工艺要点有重要意义。

## 项目目标

**知识教学目标：**通过本项目的学习，了解蛋糕包面的作用，掌握蛋糕包面的制作方法和技巧。

**能力培养目标：**熟练运用所学知识与技能制作蛋糕坯、蛋糕切片和夹馅。

**职业情感目标：**养成遵守规程、安全操作、整洁卫生的良好习惯，并正确认识蛋糕包面的实用性，增强对本专业的情感认知。

## 任务一　制作蛋糕坯

翻糖蛋糕内坯一般选用重油蛋糕，因为重油蛋糕具有很好的承重能力，在蛋糕坯上面制作繁杂的翻糖装饰不会把蛋糕压塌。

1. 了解蛋糕坯的作用。

2. 掌握蛋糕坯的制作方法。

3. 培养学生干净整洁的工作作风及精益求精的工匠精神。

## 子任务一　制作柠檬磅蛋糕坯

**材料：**

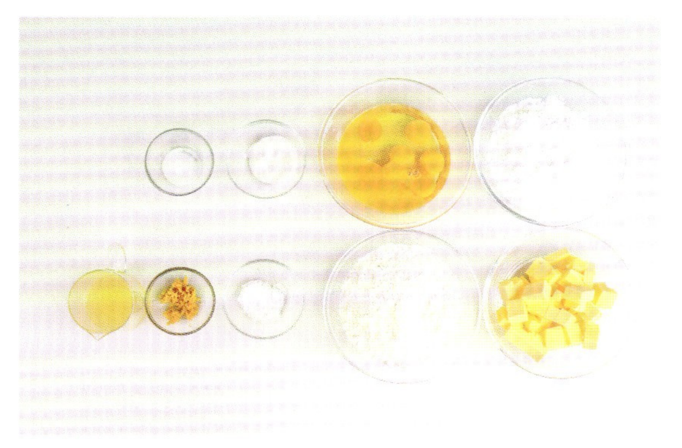

| | |
|---|---|
| 黄油 | 840 克 |
| 糖粉 | 840 克 |
| 鸡蛋 | 840 克 |
| 柠檬汁 | 252 克 |
| 低筋面粉 | 1050 克 |
| 泡打粉 | 21 克 |
| 盐 | 14 克 |
| 柠檬皮屑 | 7 个 |
| 细砂糖 | 53 克 |
| * 柠檬糖浆 | 适量 |

**工具：**

厨师机、罗筛、打蛋器、硅胶刮刀、6 寸蛋糕模具

**做法：**

①先将细砂糖倒入柠檬皮屑中。

②用硅胶刮刀搅拌均匀（可以降低柠檬皮的涩味）。

③将软化好的黄油倒入厨师机中。

④加入过筛的糖粉。

⑤打发至发白、蓬松（先慢速再快速打发）。

⑥分次加入室温的全蛋液，搅拌均匀（少量多次添加）。

⑦打至黄油状态顺滑。

⑧加入盐。

⑨加入泡打粉。

⑩加入过筛的低筋面粉。

⑪用硅胶刮刀搅拌均匀。

⑫加入柠檬汁搅拌均匀。

⑬最后加入柠檬皮屑和细砂糖的混合物。

⑭用硅胶刮刀搅拌均匀。

⑮将面糊装入裱花袋中。

⑯将 220 克左右的面糊挤在 6 寸模具中至七分满。

⑰放入烤箱烘烤，以上火 180℃、下火 160℃烘烤 30 分钟左右。

⑱出炉后刷上柠檬糖浆放凉备用。

* 柠檬糖浆

**材料：**

| | |
|---|---|
| 细砂糖 | 105 克 |
| 水 | 175 克 |
| 柠檬汁 | 105 克 |

**做法：**

①将水倒入小奶锅中。

②将细砂糖倒入小奶锅中。

③加热煮沸。

④关火加入柠檬汁。

⑤用硅胶刮刀拌匀。待蛋糕出炉，趁热刷在蛋糕坯上，放凉备用。

Tips

①关火后加入柠檬汁就不要再加热了，因为酸味会在高温下挥发，使口味不佳。

②加入柠檬汁的锅不应用铁锅，因为酸易使铁锅产生铁锈味，影响糖浆口味。

③加入柠檬汁时，如果能加入提香的天然柠檬香精，口味会更佳，口味可以随加入的香精或香料随意变化。

黄油蛋糕坯
制作视频

## 子任务二　制作黄油蛋糕坯

**材料：**375 克黄油（也可用 250 克黄油和 125 克人造黄油代替），270 克细砂糖，8 个蛋黄，8 个蛋白，350 克中筋面粉（也可换成 30% 的高筋面粉加 70% 的低筋面粉），15 克泡打粉，4 克盐，125 毫升牛奶，15 克香草膏

**工具：**烤箱、烤盘、6 寸蛋糕模、软刮、不锈钢盆、克称、电磁炉、厚底奶锅、厨师机、厨房用纸、手动打蛋器

**做法：**

①将黄油加 100 克细砂糖打发至略微发白蓬松。

②将蛋黄搅打均匀后少量多次加入黄油中打发。

③将蛋白用打蛋器低速打散，充入气泡后加 56 克细砂糖。

④将蛋白中速打发至浓稠酸奶状后加入 56 克细砂糖继续打发。

⑤将蛋白高速打发至有明显纹路后，加入剩余的细砂糖继续打发，打至打蛋头慢速提起后呈倒三角的状态（7.5~8 成蓬发）。

⑥将打发蛋白分次加入步骤 2 中并搅拌均匀后，筛入粉类部分（中筋面粉、泡打粉、盐）并搅拌均匀。

⑦将香草膏加入牛奶中溶解，分 3 次加入步骤 6 中并搅拌均匀。

⑧倒入模具中烘烤。烘烤温度为上下火 180℃，烘烤时间为 50~60 分钟，50 分钟可插入牙签，拔出后无糊状物即可关火出炉。

Tips

①打发黄油时，需使黄油熔化至室温 23℃左右，温度过低会使黄油结块。

②将蛋黄搅打均匀后少量多次加入黄油中并打发，过度打发易导致水油分离。

③若想蛋糕口感偏软，可使用水浴法烘烤。

④烤制过程蛋糕过量蓬发裂口属正常现象，可使用锯齿刀修平整。

⑤请勿使用风炉烘烤。

## 子任务三　制作长崎蛋糕坯

长崎蛋糕坯制作视频

**材料：** 黄油 55 克，可可粉 25 克，低筋面粉 40 克，66% 巧克力 25 克，牛奶 75 克，蛋黄 90 克，蛋白 150 克，细砂糖 55 克

**做法：**

①可可粉、低筋面粉搅拌均匀。使用厚底锅将黄油煮至沸腾，加入拌匀的两种粉。

②将巧克力熔化，分次将巧克力、牛奶、蛋黄加入步骤 1 搅拌均匀。

③将蛋白用打蛋器打到 7.5 成发，分次加入细砂糖（蛋白明显起大泡放第一次糖、蛋白大泡消失变成小泡放第二次糖、蛋白变成绵密状态放第三次糖），用打蛋器快速打发至蛋白呈弯钩状，且弯钩较长有弧度，一晃会颤动即可。

④将步骤 2 混合物分 3 次放入步骤 3 里，用软刮刀从 12 点到 3 点方向将蛋白从盆底翻起反复搅拌均匀，倒入 15 厘米 ×15 厘米模具中（模具外侧提前包好两三层铝箔纸避免蛋糕坯中进水）。

⑤烤盘中放水，装好蛋糕坯的模具放入烤盘中，烤箱上下火 155℃，烤 70 分钟左右（根据烤箱不同可调节时间）。

Tips

①烤蛋糕坯可使用水浴法，水浴法可使蛋糕坯底部升温较慢，蓬发缓慢且稳定，可防止坯体表皮出现龟裂。

②黄油煮到沸腾，再放入粉类搅拌均匀（无颗粒）。

③蛋白不要打发过度（会影响口感）。

④烤箱温度根据不同品牌来调整。

⑤模具外侧提前包好两三层铝箔纸避免蛋糕坯中进水。

## 制作甜品、蛋糕、饼干的常识

### 1. 关于吉利丁

在制作甜品、蛋糕或饼干一类的产品时，只要配方里有水和吉利丁，通常水都是用来涨发吉利丁或溶解吉利丁的。用来涨发吉利丁的水是吉利丁自身重量的 8 倍。

### 2. 关于低筋面粉

在制作甜品、蛋糕或饼干一类的产品时，低筋面粉通常需要过筛，原因是防止结块的低筋面粉进入，使用过筛后的低筋面粉方能使制作的饼干更酥脆，制作的蛋糕糊更加均匀。

### 3. 关于奶粉

在制作甜品、蛋糕或饼干一类的产品时，如果用到奶粉，要过筛。

### 4. 关于水和糖在配方中一起出现的情况

在制作甜品、蛋糕或饼干一类的产品时，如果水和糖同时出现，一般水都是用来溶解糖的。

### 5. 关于水和茶粉在配方中一起出现的情况

在制作甜品、蛋糕或饼干一类的产品时，如果水和茶粉同时出现，一般水都是用来泡发茶粉的。

### 6. 关于柠檬汁的口味

黄柠檬汁更香，青柠檬汁更酸。

### 7. 关于制作好的面团为什么要松弛

制作好的面皮类产品如挞皮、派皮、饼干都应该包装好后冷藏松弛 30~120 分钟，这样烤制的成品不易收缩变形。

### 8. 关于制作蛋糕打发蛋白时砂糖分多次加入的原因

制作蛋糕打发蛋白时砂糖分多次加入，会更有利于打发和形成气泡。当蛋白是砂糖的 2 倍时，砂糖分 3 次加入为宜。

蛋糕坯外观光滑平整，色泽金黄均匀，不干不湿，口感松软细腻。

填写蛋糕坯制作评价表。

蛋糕坯制作评价表

| 班级 | 姓名 | | 日期： 年 月 日 | |
|---|---|---|---|---|
| 序号 | 评价指标（每项 10 分） | 自评 | 组评 | 师评 |
| 1 | 工具、材料准备情况 | | | |
| 2 | 材料是否准确称量 | | | |
| 3 | 投料顺序是否正确 | | | |
| 4 | 黄油打发是否到位 | | | |
| 5 | 白砂糖是否分次投放 | | | |
| 6 | 蛋糕糊入模具是否震动除气泡 | | | |
| 7 | 蛋糕坯成型是否规整 | | | |
| 8 | 蛋糕坯色泽是否正常 | | | |
| 9 | 蛋糕坯是否完全成熟 | | | |
| 10 | 蛋糕坯是否口感松软 | | | |
| 备注 | 总分100分，80分为优秀，70分为良好，60分为合格，60分以下为不合格，<br>总分=自评（30%）+组评（30%）+师评（40%） | | | |

1. 水浴法和直接烘烤的蛋糕坯有何区别？

2. 独立制作一款蛋糕坯。

## 任务二　制作夹馅

多层蛋糕夹馅，可以是同一种馅料，也可以是不同馅料。除了丰富蛋糕的口感之外，馅料也能起到和蛋糕味道互补，或者弥补蛋糕口味不足的作用，如柠檬馅，口感清爽，可以中和蛋糕的甜腻之感。

1. 了解蛋糕夹馅的原料和做法。

2. 掌握给蛋糕夹馅的技巧。

### 子任务一　制作基础香草奶油霜

基础香草奶油霜制作视频

材料：

| | |
|---|---|
| 黄油 | 850 克 |
| 蛋黄 | 245 克 |
| 牛奶 | 360 克 |
| 糖 | 88 克 |
| 香草精 | 2 克 |
| 香草荚 | 1 根 |
| 香草酒 | 3 克 |

做法：

①将糖加入蛋黄中（切勿提前将糖放入蛋黄中，糖会散发热量使蛋黄表面结皮，影响奶油霜的细腻程度）。

②~③用打蛋器搅打至无明显糖颗粒且略微发白。

④~⑧将香草荚从中间剖开，取出香草籽放入牛奶中，再加入香草精、香草酒和香草荚，中小火加热。

⑨~⑩加热过程中需持续搅拌，避免牛奶表面形成油皮，用测温枪实时监测温度，加热至60℃（略微有气泡）。

⑪~⑮将牛奶慢速从容器边缘冲入蛋黄中且持续搅拌，倒入小锅中用中小火加热，持续搅拌并测温。

★在温度升高至70℃以上并伴随气泡产生（内部温度已达到80℃，完成蛋黄杀菌）即离火，继续搅拌，避免锅底余温导致蛋黄结块。

★晾至不烫手后坐入冰水盆中持续降温至23~30℃。

⑯~㉑黄油软化至23℃左右，在厨师机中高速打散，少量多次加入步骤15的蛋黄牛奶充分混合，打至口感轻盈细腻即可，切勿过度打发。

Tips

若不加香草荚、香草精、香草酒即为基础奶油霜，在此基础上可以加入不同的原料调整口味，比如加糖调整甜度，加果粉、干果或果泥、香料调整风味，加入天然色素调整颜色等。可以根据口味和颜色的需求，添加对应的量，直到达到口味和颜色的要求。

## 子任务二　制作柠檬甘纳许

材料：

| | |
|---|---|
| 白巧克力 | 750 克 |
| 奶油奶酪 | 350 克 |
| 柠檬果蓉 | 400 克 |

做法：

①将白巧克力和奶油奶酪倒入料理碗中备用。

②柠檬果蓉倒入小奶锅中煮沸。

③倒入巧克力碗中。

④用打蛋器搅拌均匀。

⑤搅拌至无巧克力颗粒即可。

⑥表面贴上保鲜膜，放入冰箱冷藏 30 分钟左右，冷却备用。

## 拓展知识

### 蛋糕夹馅

夹馅选用奶油霜或甘纳许制作。

奶油霜里可以加坚果、蜜饯等增加口感，也可以在奶油霜里加一点果蓉后打发，改善风味。

选用甘纳许的话，可以加一点薄脆的食材增加口感。另外需要注意，如果包的是浅色翻糖面，就用白色巧克力制作甘纳许；如果包的是深色翻糖面，就用白色巧克力或牛奶巧克力制作甘纳许。

夹馅成品丝滑细腻，无颗粒，无结块，口感蓬松轻盈。

填写蛋糕夹馅制作评价表。

蛋糕夹馅制作评价表

| 班级 | | 姓名 | | 日期：　　年　　月　　日 | |
|---|---|---|---|---|---|
| 序号 | 评价指标（每项 10 分） | | 自评 | 组评 | 师评 |
| 1 | 工具、材料准备情况 | | | | |
| 2 | 材料是否准确称量 | | | | |
| 3 | 投料顺序是否正确 | | | | |
| 4 | 蛋黄打发是否到位 | | | | |
| 5 | 黄油打发是否到位 | | | | |
| 6 | 温度控制是否符合要求 | | | | |
| 7 | 降温是否到位 | | | | |
| 8 | 夹馅成品是否丝滑 | | | | |
| 9 | 夹馅成品是否无结块 | | | | |
| 10 | 夹馅成品是否蓬松 | | | | |
| 备注 | 总分100分，80分为优秀，70分为良好，60分为合格，60分以下为不合格，<br>总分=自评（30%）+组评（30%）+师评（40%） | | | | |

1. 基础奶油霜可以加什么食材丰富口味？

2. 独立制作一款夹馅。

# 任务三　包面

## 任务导入

蛋糕包面是翻糖蛋糕装饰的必需步骤，丝滑平整的包面，是后续一切装饰的基础。要尽量发挥翻糖皮良好的延展性，使其光滑伏贴地包在蛋糕坯表面，不能有褶皱，也不能弄破。

## 任务目标

1. 了解包面的材料和工具。

2. 掌握包面的步骤和技巧。

### 1. 包面的准备

（1）工具

①擀面杖

②旋转支架

③蛋糕切割辅助器

④～⑥比萨刀

⑦锯齿刀

⑧美工刀

⑨抹平器

⑩不沾垫

（2）材料

①蛋糕坯片

②柠檬甘纳许

③翻糖膏

（3）蛋糕切片

①将蛋糕坯的表面削平，削的时候尽量保持蛋糕整体的平衡，不要一边高一边低。

②用蛋糕切片器或锯齿刀将蛋糕坯切成厚 2.5 厘米左右的片。

### 2. 包面的方法

①待蛋糕坯片冻硬后取出。

②用锯齿刀将表面凸起部分切平。

③将柠檬甘纳许从冰箱取出拌匀。

④取一片蛋糕坯片放在旋转支架上，均匀抹上柠檬甘纳许。

⑤然后将蛋糕坯片一层一层地叠在上面，每一层中间都要抹柠檬甘纳许夹馅。

⑥在蛋糕体表面抹一层柠檬甘纳许，把蛋糕体表面凹凸不平的地方抹平，放入冰箱冷冻。

⑦将翻糖膏揉匀至柔软状态，如翻糖膏比较硬可以放到微波炉里加热 30 秒，就会变柔软。

⑧用擀面杖将翻糖膏擀成厚度为 0.5 厘米的糖皮。

⑨用擀面杖卷起糖皮，盖在冻硬的蛋糕坯上，平衡左右的长度，放在蛋糕坯的中间。

⑩用抹平器将表面抹平，侧面的糖皮收伏帖后，用抹平器顺着侧边向下压，把侧边压平。

⑪再用美工刀把多余的糖皮切掉，可以多切几次，一定要切得圆滑整齐。

⑫包好面的整体。

注意：包面的时候，室内温度控制在 20~25℃，这是最适合的温度。

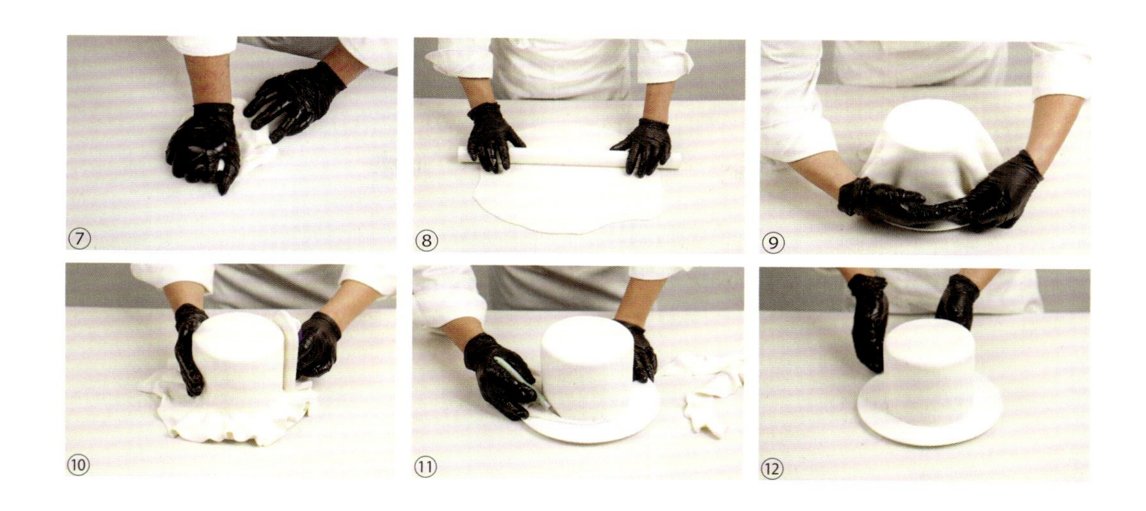

## 3. 组装

翻糖蛋糕包面之后，就要进行下一步的组装了，在这个步骤，有铁丝配件的话，要搭配吸管一起插入蛋糕中。没有铁丝的配件，粘在蛋糕坯上即可。具体步骤如下。

①选用长度 10 厘米左右的吸管，粗度比铁丝稍微粗一点。

②吸管要全部插入蛋糕坯中。配件比较重时，铁丝要稍微长一点，约 9 厘米。

③没有铁丝的配件，直接刷糖花胶水粘在蛋糕坯上。配件比较重时，可以在配件背面挤上尖峰状的糖霜，粘在蛋糕坯上。

## 拓展知识

### 包面材料的选择

翻糖蛋糕包面要使用质量好的翻糖膏，好的翻糖膏质地细腻，具有高延展性、保湿性强的特点，包面时不易出现破口、褶皱，可以反复使用，容易操作，初学者也可上手。

## 质量标准

蛋糕包面平整光滑，无破皮、无褶皱。

## 任务评价

填写蛋糕包面制作评价表。

蛋糕包面制作评价表

| 班级 | 姓名 | | 日期： 年 月 日 | |
|---|---|---|---|---|
| 序号 | 评价指标（每项 10 分） | 自评 | 组评 | 师评 |
| 1 | 工具、材料准备情况 | | | |
| 2 | 蛋糕坯是否冻硬 | | | |
| 3 | 蛋糕坯表面是否切平 | | | |
| 4 | 表面的夹馅是否抹平整 | | | |
| 5 | 每一层夹馅的量是否均衡 | | | |
| 6 | 翻糖膏是否软硬适中 | | | |
| 7 | 翻糖皮厚度是否合适 | | | |
| 8 | 包面后，表面和四周是否光滑平整 | | | |
| 9 | 多余的材料是否切除得规整 | | | |
| 10 | 包面时温度是否控制得当 | | | |
| 备注 | 总分100分，80分为优秀，70分为良好，60分为合格，60分以下为不合格，<br>总分=自评（30%）+组评（30%）+师评（40%） | | | |

## 任务检测

1. 包面需要用到哪些工具？

2. 如何选择包面材料？简述理由。

3. 独立制作一款包面蛋糕。

# 制作翻糖花卉

翻糖花卉（以下简称糖花）的出现，彰显的是艺术的表现力和对工艺的追求。高雅精致、灵动而柔美的花朵造型与配色，不仅展示了制作者高水平的审美和创造力，也将翻糖蛋糕装饰得多姿多彩，成为一份甜蜜而特别的艺术品。或许世上美好的事物终将消失不见，但我们都希望能将美好留存。糖花，让美好有了不再凋谢的可能。

## 项目目标

**知识教学目标：**通过本项目的学习，了解糖花制作的常用工具和材料，掌握配色原理，掌握扎花技巧。

**能力培养目标：**能根据具体成品选择适合的工具、材料；熟练运用所学知识与技能制作糖花。

**职业情感目标：**激发学生自主学习、刻苦钻研、追求卓越的奋斗精神，培养学生的审美意识和创新思维能力，培养学生向往美好工作岗位、实现青春梦想的情怀。

糖花源于英国宫廷，把维多利亚风格与宫廷风相结合的英式糖花，以较优质的材料，配合多变的手法和工具，塑造细致的仿真糖花，达到栩栩如生的效果，一束手捧糖花不受潮可以保存半个世纪之久。糖花主要有以下用途。

1）可用于花卉艺术品欣赏摆放。

2）作为拍摄道具。

3）作为永生花礼物。

4）装饰蛋糕、甜品摆台。

5）精细花作品可用于高级定制、婚庆等。

6）做成花束、花盒包装出售。

## 任务一　认识糖花制作的工具和材料

古人云，“工欲善其事，必先利其器。”说明选择合适的工具，做好充分的准备是成功的前提。制作精致、美丽的糖花也是如此。

1. 了解不同干佩斯的作用。

2. 熟悉并掌握糖花制作常用工具和材料的特点、用途及使用方法。

3. 能做到清洁卫生、物品摆放有序，着装、仪容仪表符合职业要求，培养不怕苦、不怕累的劳动精神。

### 一、糖花制作常用的工具

4 把球刀

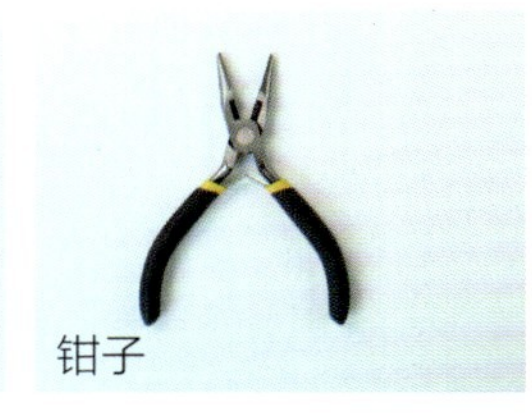
钳子

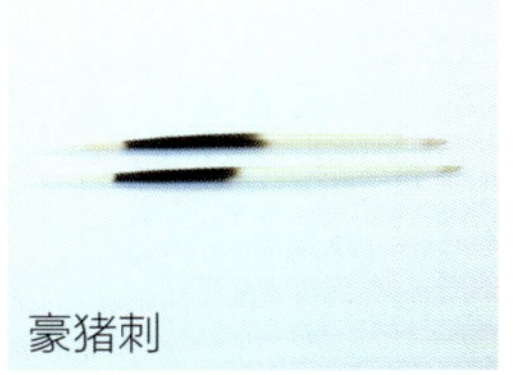
豪猪刺

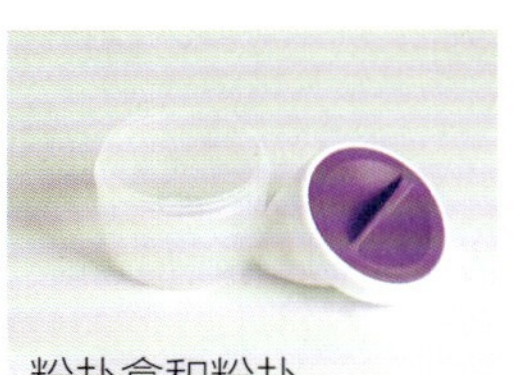
粉扑盒和粉扑

## 二、糖花制作常用的材料

### 1. 花卉干佩斯

干燥快，可快速定型，即使在湿度高的南方地区，也不会因为潮湿定型慢或定不了型，可用来做花蕊。

### 2. 柔瓷干佩斯

可用来做花瓣、花萼、花秆、叶子、小花朵，具有干燥慢、延展性好、透光性好、质感自然的特点。做好的花瓣放到密封盒里保湿，组装花束的时候还可以继续调整形状。

### 3. 防潮花卉干佩斯

适合在潮湿的环境下使用。材料使用前需要揉软，会更加细腻逼真。

1. 糖花制作的常用工具有哪些？
2. 糖花制作常用的3种干佩斯各有什么特点？

## 任务二　掌握糖花制作的配色原理

色彩学是一门科学，具有强烈的艺术特性。色彩学的内容很多，包含各种色彩的调配、运用，色彩之间的转化等。不同领域对色彩组合的需求也不尽相同，糖花的色彩组合也有自己的应用方法和独特性。

1. 了解色彩的属性和色环的使用。
2. 掌握色彩调制原理和常用的调色方案。
3. 培养学生的审美意识和创新意识。

光是色彩的重要来源，五颜六色的色彩是光线辐射的结果，所有物体的色

彩都是由光的刺激引起的，光刺激到眼睛，再传入大脑的视觉中枢。色彩对人类的生理与心理都有重大影响，因此，掌握色彩的原理和基础知识，才能搭配出恰如其分的效果。

## 一、色彩的属性

色彩具有色相、纯度和明度三种特性，这三种特性是色彩最基本的构成元素，也称色彩三要素。

（1）色相　指色彩本身固有的颜色，如红、橙、黄和绿等颜色，当人们称呼某一颜色的名称时，就会有一个特定的色彩印象。

（2）纯度　指色彩的纯净程度，即原色在色彩中所占据的百分比，又称饱和度。纯度用来表示色彩的鲜艳程度，纯度越高，颜色越鲜艳；纯度越低，颜色就越暗淡。纯度最高的色彩是原色，随着纯度的降低，如在原色中加入其他颜色，色彩就会变得暗淡。

（3）明度　指颜色的明亮程度，是由光的不同反射率造成的。在无色彩中，白色为明度最高的颜色，黑色最低，灰色是从亮到暗的颜色。在有色彩中，所有纯度色都有自己的明度，如黄色为明度最高的颜色，紫色是明度最低的颜色。

明度在三要素中具有较强的独立性，可以不带任何色相特征，通过黑、白、灰的关系单独呈现。色相和纯度则必须依赖一定的明暗才能呈现出来，明度是色彩结构中的关键。

## 二、色环的使用

色彩搭配最重要的工具是色环，常见的色环有十二色相环、二十四色相环等。配色的难度较大，好的配色可以赋予蛋糕新的生命，表达出制作者的情感。能够引起人类情感的强烈共鸣，从而营造出适应各种场合的氛围。

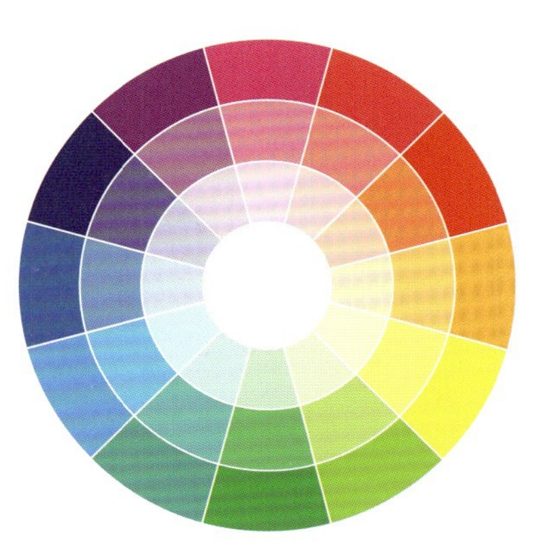

十二色相环

蛋糕设计中常用的色彩搭配有互补色、同类色、相似色等多种方法。

（1）互补色　色相环上相对的颜色，如蓝

色和橙色，紫色和黄色等，对比较强烈，但要突出重点，即其中一个颜色占据更大面积，形成撞色的效果。

（2）同类色　同种颜色不同明度搭配，如深红和浅红，视觉冲击较小，不易出错。

（3）相似色　色相环中左右挨着的相似的色彩搭配，如红色和橙色，蓝色和绿色等。这样不容易相互冲突，看起来协调。

## 三、色彩的心理与象征

色彩本身无感情，但是人们可以通过对色彩的感觉和联想产生心理反应。不同颜色的色彩会给人不同的感受。

（1）冷暖感觉方面　色彩本身并无冷暖的温度差别，冷色与暖色是依据心理错觉对色彩的物理性质分类。人们看到暖色调的颜色如黄、黄橙、橙、红橙和红等，会感到温暖、热烈和快乐等；而看到冷色调的颜色如绿、蓝绿、蓝、蓝紫、紫等，会感到凉爽、冷静和理智等。

（2）胀缩感觉方面　明度是形成色彩胀缩感的主要因素。明度高的颜色会给人膨胀的感觉；反之，明度低的颜色给人紧缩的感觉。

（3）动静感觉方面　暖色调会给人兴奋的感觉，偏向于动；冷色调给人的感觉则偏向于静。

（4）轻重感觉方面　明度影响着色彩的轻重感。明度高的色彩，给人的感觉较轻，具有动感；明度低的色彩具有一定的稳重感。

## 四、色彩调制和常用调色方案

（1）色彩调制　在进行色彩调制时，其一般流程是先确定所调颜色的色相，选定色素的型号；再确定所调颜色的明度和深浅，确定色素用量；最后确定所调颜色的纯度，是否需要加入其他色素，达到降低或提高纯度的目的。

三原色作为基础色，可以调出绝大部分颜色。

1）三原色，指不能由其他颜色调配出的基本色，即红、黄、蓝这三种。三原色作为基础色，可以调出绝大部分颜色。使用三原色调色时，按照一定的比例，可调制出间色、复色等。其中颜色的深浅和亮度均可通过添加的比例来决定。

2）间色，也叫作“第二次色”，指由两个原色等量混合的颜色，有橙、紫、绿这三种。比如红 + 黄 = 橙；红 + 蓝 = 紫；蓝 + 黄 = 绿。

3）复色，指由两个间色或三个原色相混合而产生的颜色，如蓝绿、蓝紫、红橙等，数量较多。

（2）调色练习　调色时需遵循“少量多次”的添加原则，可以使用牙签沾取色素进行添加，方便控制色素用量，直至将材料调成自己所需的颜色。

调色时可以先取少量材料进行调色实验。一方面可以确定所调制的颜色是否为自己所需，另一方面，若是所调的颜色过深，可以加入适量材料进行稀释，再继续调制。若是一次性调制的材料量特别多，调色失败后会造成材料浪费。

（3）常用调色方案

红 + 黄 = 橙

蓝 + 黄 = 绿

红 + 蓝 = 紫

黄（主）+ 绿（次）= 黄绿

青蓝（主）+ 绿（次）= 蓝绿

蓝（主）+ 紫（次）= 蓝紫

红（主）+ 紫（次）= 红紫

红（主）+ 橙（次）= 红橙

黄（主）+ 橙（次）= 橙黄

天蓝 + 黑 + 紫 = 浅蓝紫

草绿 + 黑（少量）= 墨绿

天蓝 + 草绿 = 蓝绿

玫红 + 黑（少量）= 暗红

红 + 黄 + 白 = 人物皮肤色（肉色）

玫红 + 白 = 粉玫红

蓝 + 白 = 粉蓝

黄 + 白 = 米黄

柠檬黄 + 橙色 = 金黄

深蓝 + 黑 = 海军蓝

深粉 + 橙 + 红 = 红褐

紫罗兰 + 黄色 = 淡紫色

粉 + 紫罗兰 = 薰衣草紫

## 任务检测

1. 色彩具有哪些属性？
2. 如何在蛋糕设计中正确使用色相环？
3. 为什么不同的色彩会给人带来不同的感受？
4. 为什么要进行色彩调制？调色方案有哪些？

# 任务三　掌握糖花的上色及装饰技巧

## 任务导入

糖花不仅是蛋糕装饰品，更是一门艺术。花瓣的造型、瓣数，层次、大小、形态，以及花萼、花托、枝叶、花心等配件，每一个细节都很重要。制作的糖花，无论是颜色、数量、位置等，都必须达到和谐美，不仅要栩栩如生，更能让人赏心悦目，达到美的享受。

## 任务目标

1. 了解花瓣制作和上色方法。
2. 能够解决花瓣制作中的常见问题。
3. 培养学生的审美意识和创新意识。

## 相关知识

梵高说：“没有不好的颜色，只有不好的搭配。”

在翻糖蛋糕制作中，为了拥有五颜六色的作品，就必须给翻糖膏调色，翻糖膏调色非常重要，调好的颜色必须自然均衡，不能深浅不一，色彩无论深浅，都要柔和，不可太过突兀。

## 一、调色常用的材料

### 1. 色素

色素分为天然色素和人工色素，天然色素是从天然的果蔬中提炼出来的，环保安全，但是色彩的饱和度、稳定性和持久度比人工色素略差。人工色素分为油性色素和水性色素，普通的翻糖产品都可用水性色素，要放在淡奶油蛋糕上的翻糖产品就要用油性色素，以免色素遇到含水较多的淡奶油溶化。色素的质地较稀，色膏的质地较干，根据不同的情况选择使用。

人工油性色素 12 色　　天然色素 12 色

以下是色素的调色方法。

多巴胺色系

粉色系

黄色系

多巴胺色系调色视频

粉色系调色视频

黄色系调色视频

蓝色系调色视频

绿色系调色视频

蓝色系

绿色系

### 2. 色膏

色膏一般保存在密封的小罐子或类似于牙膏管的软管内。使用时要少量多次添加，避免颜色过深。调制翻糖膏时使用色膏，因为色膏中色素含量浓度高，使用少量即可调配出对应的颜色，可以很好地控制翻糖膏的软硬度，不会引起翻糖膏性状的改变，如果使用普通裱花色素调色，因为色素较稀会使翻糖膏变得稀软。以下是色膏的调色效果。

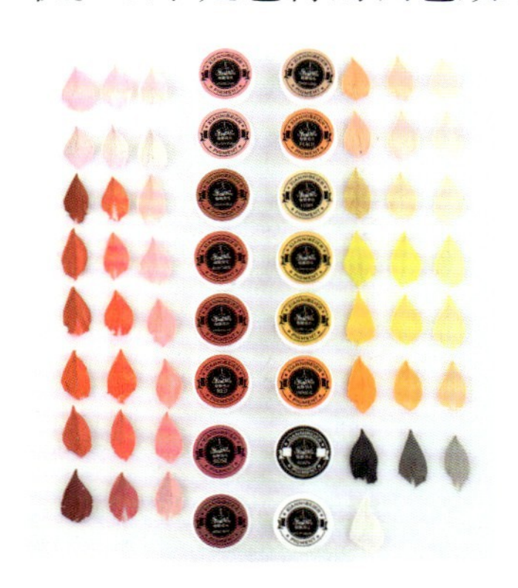

### 3. 色粉

需要均匀过渡颜色时使用色粉进行涂刷，因为色粉的形状是松散的，可以均匀地刷在作品的表面，形成渐变的颜色，色粉可以在没有喷枪的情况下代替喷枪的一部分上色作用。

### 4. 彩色色素笔

除以上三种，还有一种彩色色素笔，非常好用。使用方法见视频。

彩色色素笔使用视频

## 二、制作花瓣的技巧

1）压花瓣时，为防止纹路不清晰，可以加点水把柔瓷干佩斯调得稀软点，再做花瓣。

2）不装铁丝的花瓣，可以先刷色粉再压纹路，花瓣颜色更自然。

3）压纹路时注意确认模具的正反面，凸起纹路为反面，凹形纹路为正面。

4）组装时，花瓣不能太干，半干时最适合组装，要把握好时机。

5）叶子要做出光泽感，需要用糖艺光亮保护胶泡一下，这样叶子表面有光泽，更逼真。

6）制作开放式花朵（花瓣打开幅度比较大，呈现向后反卷的状态）时需要在花瓣的下 2/3 处贴上铁丝来支撑。

7）在花瓣太湿时压纹路，先在模具里撒点玉米淀粉，可以防粘，并且防止花瓣取下时变形。

8）切花瓣时，如切模切不断，可在材料下方垫海绵垫切。

## 三、花瓣的刷色方法

### 1. 根部法

从花瓣根部向上刷，刷出来的颜色渐变有层次。花瓣颜色应根部深，越往上颜色越浅，形成渐变色。

### 2. 边缘法

从花瓣边缘向根部刷，刷出来的颜色渐变有层次感。花瓣的尖端边缘颜色深，越往根部颜色越浅，形成渐变色。

### 3. 中间法

从中间向两边刷，刷出的颜色是中间深边缘浅的渐变感。

### 4. 局部法

花瓣局部上色，使作品更有层次感。

根部法

边缘法

中间法

局部法

## 四、制作花瓣常见问题

### 1. 花瓣干得快、易裂

如果花瓣干得快，有可能造型还没完全调整好，就已经干硬了，非常影响效果。解决办法是选用品质好的柔瓷干佩斯，这种材料非常适合新手操作，柔韧性好、不易开裂、保湿性强、干得慢、透明度高。用这种柔瓷干佩斯做好的仿真糖花，花瓣柔软、纹路清晰、不易破损，甚至能够以假乱真。做完剩余的柔瓷干佩斯要放入自封袋中密封保存。

干裂的花瓣

正常的花瓣

### 2. 刷色时卡粉上色不匀

花瓣的色彩要均匀细腻、过渡自然，边界不突兀，如果忽重忽浅，会完全失去真实感。首先，要选用适合花瓣用的专用色粉，可选色粉细腻、上色均匀易附着的糖花专用色粉。其次，刷色时先取少量色粉放纸上，用毛刷把色粉沾匀再刷在花瓣上，即可避免上色不匀。

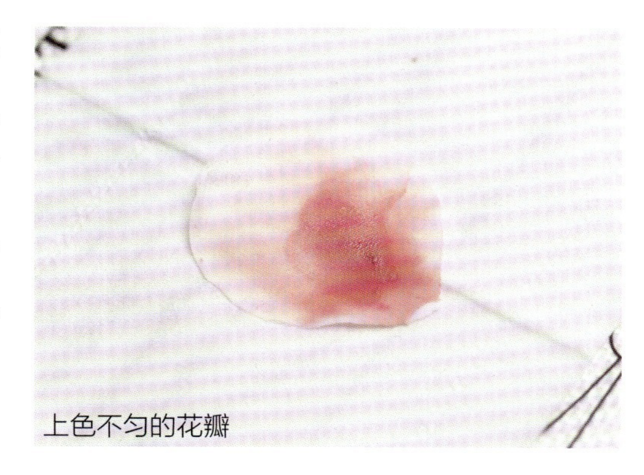
上色不匀的花瓣

### 3. 做深色糖花时花瓣色粉比较多，会造成发白的现象

深色花瓣除了用深色色粉之外，还需要刷上厚重的色粉，方能达到效果。但有时色粉较多，反而会出现发白的现象。

解决办法是：用糖艺光亮保护胶和酒精按 1∶3 的比例搅匀，将干透的糖花放入溶液泡一下迅速取出甩干，这样糖花颜色会自然地变深一点。溶液盖好盖子密封保存，可反复使用。以下以树叶为例展示效果。

色粉过多导致发白

用了糖艺光亮保护胶的树叶

## 任务检测

1. 制作花瓣的技巧有哪些？
2. 制作花瓣经常出现的问题有哪些？如何解决？
3. 制作几种不同的花瓣。

# 任务四　掌握糖花扎花的技巧

翻糖可以做出千变万化的造型，糖花是翻糖造型里应用最多的，是蛋糕师必须掌握的核心技术，彰显着艺术的表现力与对工艺的追求。

## 任务目标

1. 了解糖花扎花的概念。

2. 掌握糖花扎花的技巧及翻糖材料保存技巧。

3. 培养学生的审美意识、刻苦钻研的精神和精益求精的工作态度。

### 一、糖花扎花的概念

糖花扎花和普通鲜花扎花在艺术性上都是一样的，都是把颜色不同、形态各异的花和花叶，按照一定的造型和主题，扎成一束的过程。但糖花扎花时动作要更为轻柔，免得碰掉花瓣或破坏其造型。

### 二、糖花扎花技巧

要参照真花的扎花技巧来扎糖花，这个过程可以提高审美，积累经验，然后才能自主创新。在扎花时，要按照以下技巧进行。

1）动手前，要做到胸有成竹，先找好位置对比一下，是否能达到好的效果，确定位置后再下手，避免多次调整位置，造成糖花破损。

2）糖花和鲜花插花扎花相反，要从花器的边缘由下向上依次放入花枝，这样可以避免由上到下插花插到底部，才发现空隙狭小，产生磕碰造成糖花破损。

3）扎花的时候，花朵之间的距离不可太大，疏密有度才是好的作品。

4）花束造型的美感来自于质感、形态和色彩三个要素。最常见的构造是呈倒三角的主体轮廓，主体轮廓要突显出来，再用配花围绕主体、烘托主体。

5）在扎花的时候，要注意花朵的朝向，不需要所有的花朵都朝正面。因为花在自然生长过程中，并不是千篇一律都朝一个方向生长的。为了视觉效果更加自然，可以手动调整花的形态，来营造栩栩如生的效果。

6）搭配过程中，层次要高低错落，俯仰呼应。扎花要注意立体层次，有高有低，有前有后，不能都在一个平面内，这样看起来才更加空灵。

7）积累一定经验后，可以根据自己的审美进行搭配与创造，装饰出自己的个性化风格。

## 任务检测

1. 翻糖扎花的技巧有哪些？

2. 自己设计制作一束糖花。

# 任务五　制作常见糖花

糖花，不是用糖画花，而是运用翻糖技术，制作出与真花一样美丽，甚至比真花更精致的花朵。糖花，让美好永伴相随。

## 任务目标

1. 了解常见的糖花有哪些。

2. 掌握糖花制作的技巧。

3. 培养学生的审美意识，培养学生的职业道德素养和精益求精的工匠精神。

## 相关知识

在翻糖蛋糕出现后不久，就出现了漂亮的糖花，糖花是真正的永生花，只要保存得当，避免受潮和碰撞，可以保存很多年。糖花可以做出以假乱真、栩栩如生的效果，而且安全又环保。以下是制作过程中的两个技巧。

### 一、制作过程中的防粘技巧

在制作过程中，翻糖会很黏不容易操作，可以用以下工具解决。

#### 1. 食品级硅胶垫

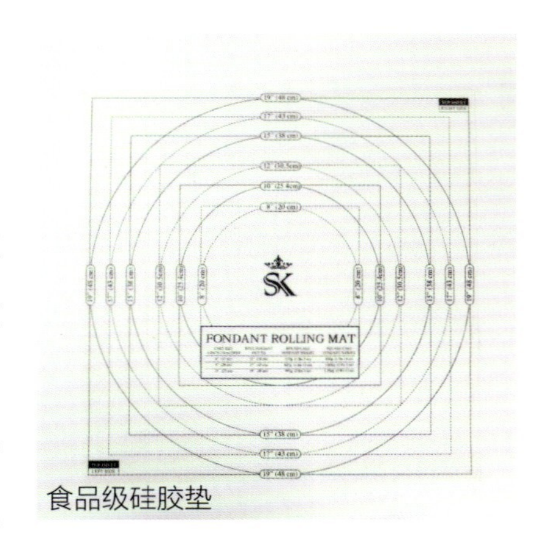

食品级硅胶垫

硅胶垫具有硅胶的特性，同时还具有一定的张力、柔韧性，耐压、耐高温、耐低温，性质稳定、环保安全、无异味。用于翻糖制作的都是食品级硅胶垫，无毒无味，不溶于水和任何溶剂，是一种高活性的绿色产品，可有效起到防粘作用。

### 2. 粉扑盒和粉扑

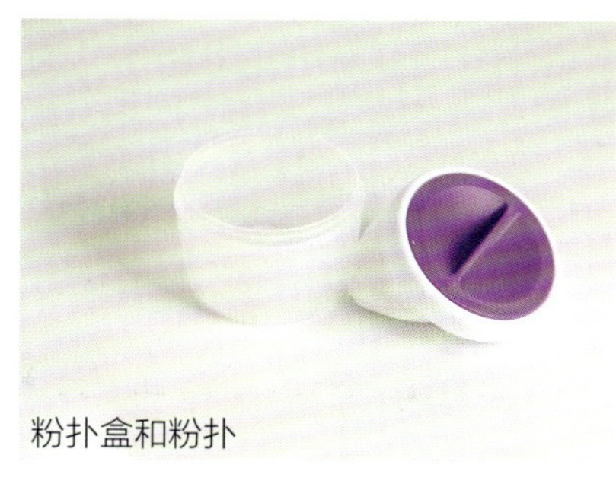
粉扑盒和粉扑

粉扑可以自己制作，用一块纱布包上玉米淀粉，然后用橡皮筋扎紧，再找个干净的容器存放它就可以了。做糖花的时候可以用粉扑在案板或工作台上扑玉米淀粉，就能防粘了。

### 3. 翻糖专用白油

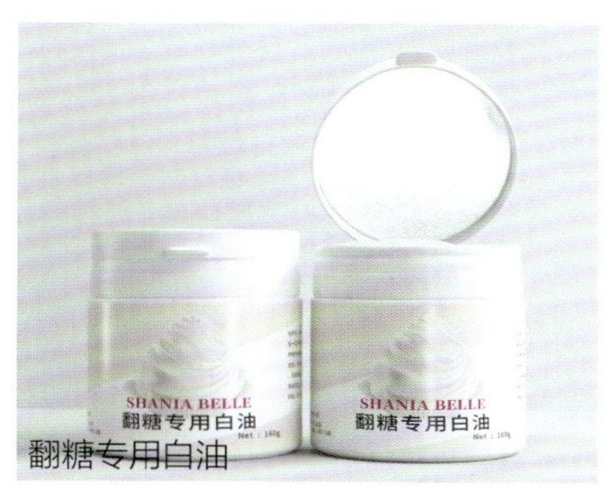

翻糖专用白油

翻糖专用白油是经过特殊深度精制后的矿物油，无毒、无色、无味，性质稳定。操作前手上涂上白油，最好是固态的，即能防粘。

## 二、翻糖材料保存技巧

翻糖材料打开了包装，一次用不完，敞口放会很快风干变硬，如果妥善保存，下次可以再用。

### 1. 剩余翻糖材料的保存

翻糖材料包括翻糖膏、干佩斯、蛋白糖霜等，一定要用双层保鲜膜包裹好，放在自封袋中密封保存。

### 2. 制作过程中的保存

制作过程中，等待塑形的翻糖也要及时盖好，防止与空气长时间接触而失去水分。

### 3. 翻糖成品的保存

做好的翻糖成品放于室温中，等其自然干燥变硬即可。不能放在冰箱里，因为冰箱中有水汽，翻糖会吸收水分而开始湿润发软，进而变形。翻糖成品久放也会褪色变软变形，所以也不要放得太久，除非严格密封。

糖花的软硬度、颜色都可以自由调节。从花瓣、花心到花托、枝叶，花瓣的弧度，以及花瓣之间的交错、位置、层次等，都需要精心设计和制作，以下介绍一些常见糖花的制作方法。

## 子任务一
# 六出花

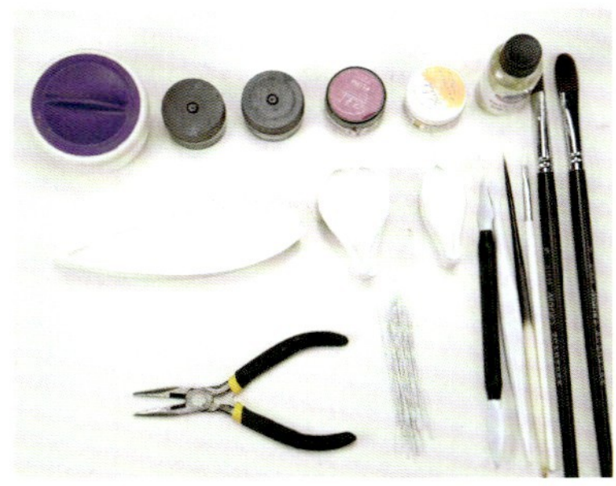

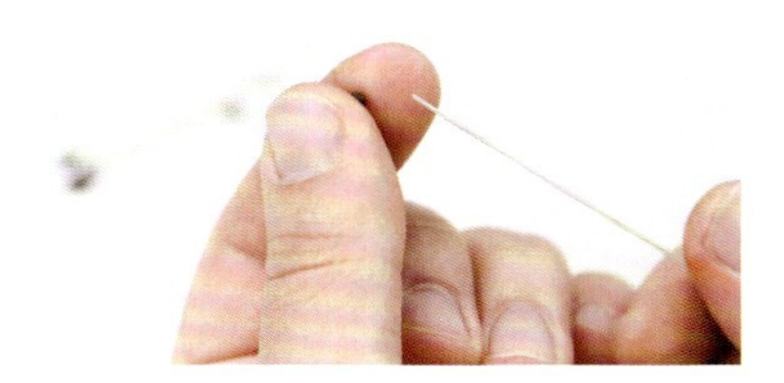

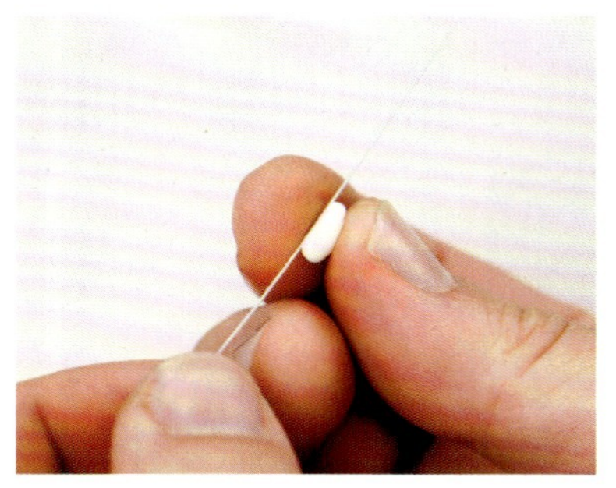

1 制作花蕊。取一些柔瓷干佩斯把30号铁丝包住。

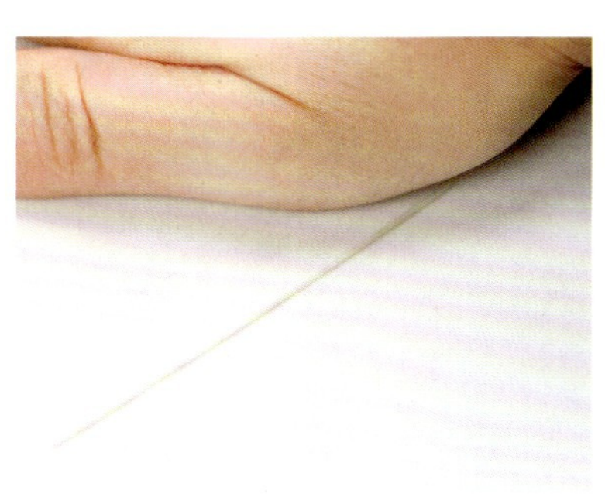

2 搓成针状，一头大一头小。一朵花有6根花蕊，所以要制作6根。

3 用橄榄绿色色膏和咖啡色色膏按1：2调好，给花蕊上色。搓一个米粒大小的柔瓷干佩斯。

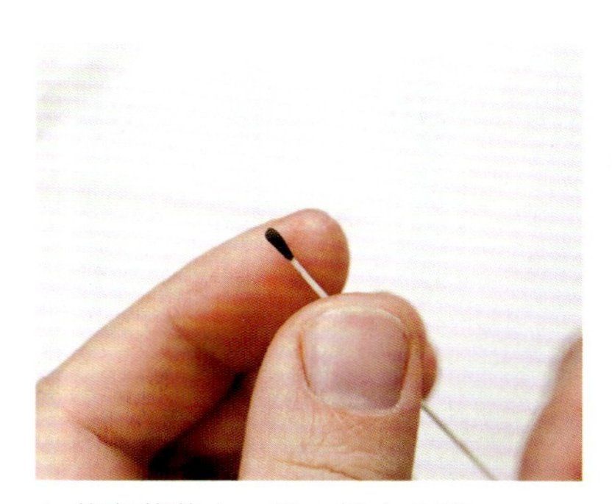

4 装在花蕊上，像一根小火柴。

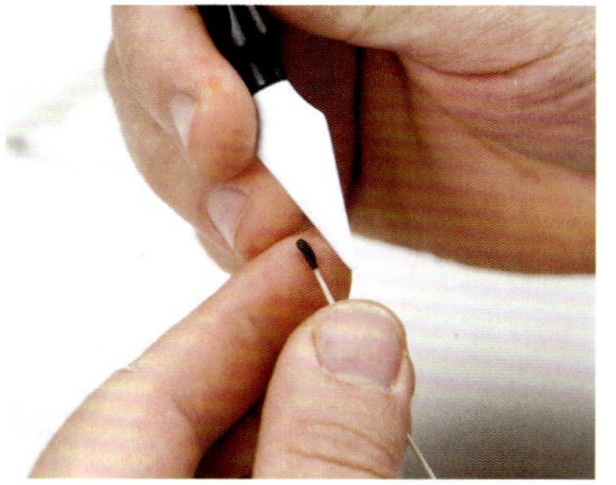

5 从中间压出2个纹路。

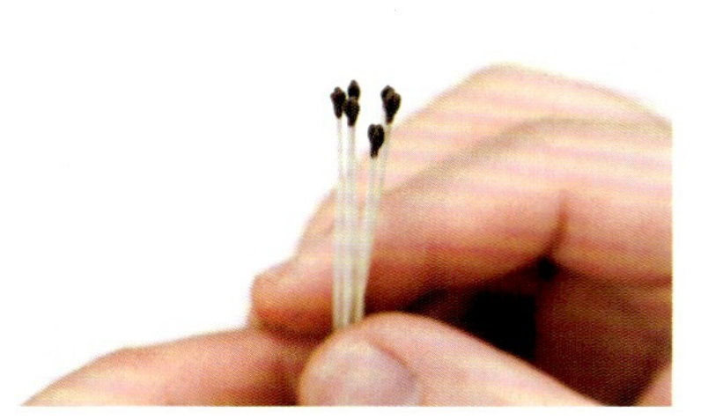

6 压好纹路的6根花蕊。

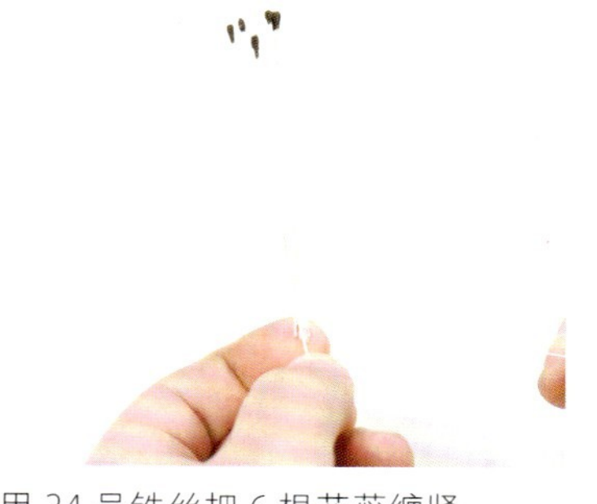

7 用 24 号铁丝把 6 根花蕊缠紧。

8 用梅红色色粉上色，根部颜色要深些。

9 刷一点糖花胶水。

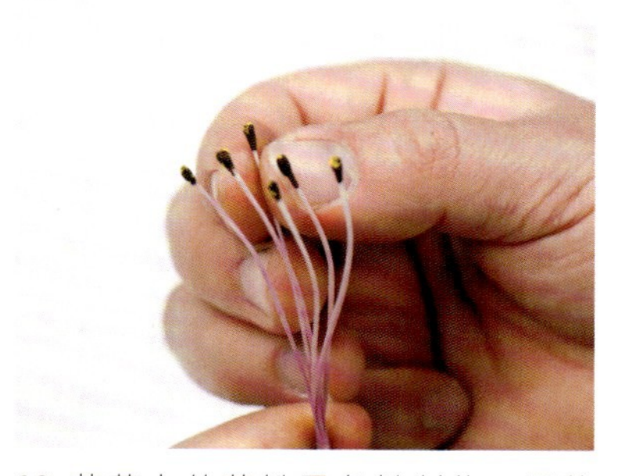

10 花蕊上的花粉用色粉制作，用芥末黄色色粉。

11 压面机调到 7 档，把用作花瓣的柔瓷干佩斯压好。一朵花有 6 瓣，用如图的两个型号的花瓣切模，各切 3 片花瓣。

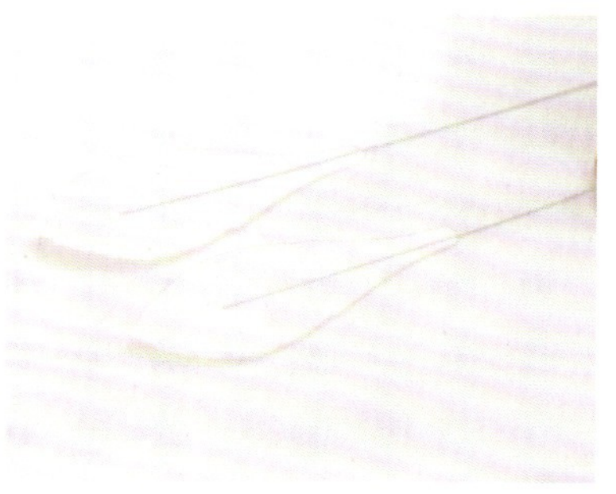

12 每一片花瓣都放上 30 号铁丝，铁丝放在花瓣的 2/3 处。

13 揉一个长条柔瓷干佩斯把铁丝盖住。

14 用豪猪刺把接口抹平，从下向上平移。

15 用秘鲁百合的纹路模压出纹路，注意要在模具上扑玉米淀粉防粘。

16 压好后用手调整一下花瓣的形状。

17 用梅红色色粉刷色，根部颜色要深些。

18 用芥末黄色色粉刷色，根部颜色要深些，要有过渡。

19 这是刷好色的样子。

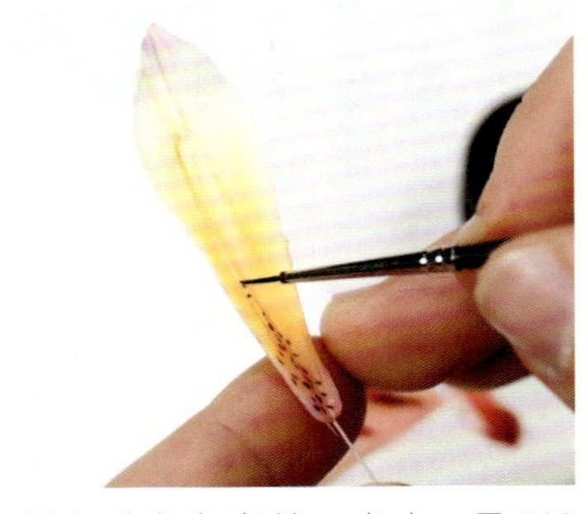

20 用咖啡色色膏兑一点水，用 000 号勾线笔点出花瓣的斑点。

21 点的时候尽量均匀一些。

22 制作好的 3 片小花瓣。

23 同法制作出 3 片大花瓣，压好纹路。

24 用梅红色色粉刷色，根部颜色要深些。

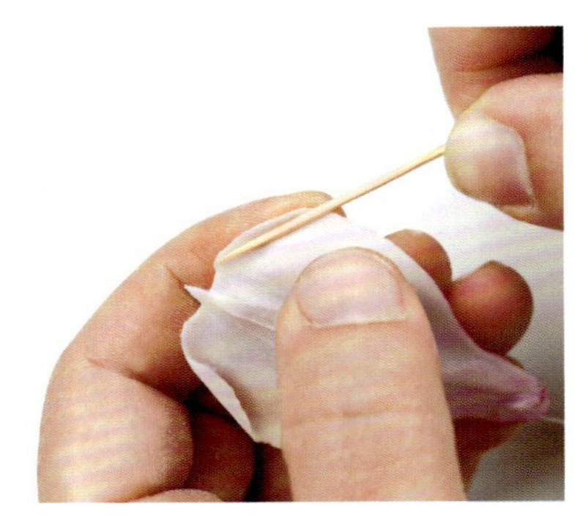

25 用牙签卷边。

26 用食指在花瓣根部轻轻按出弧度。

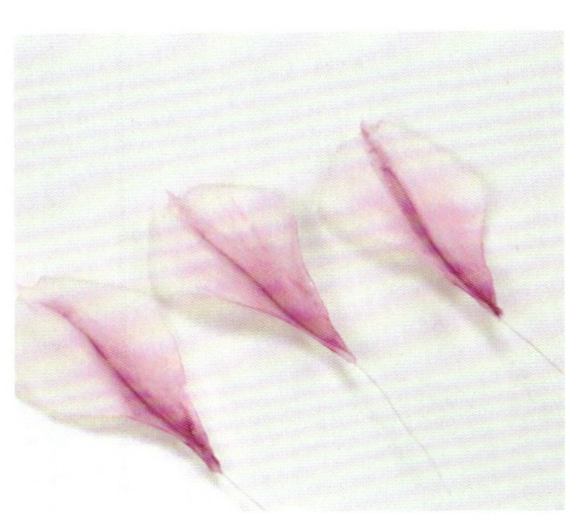

27 把做好的花瓣晾至半干，定型。

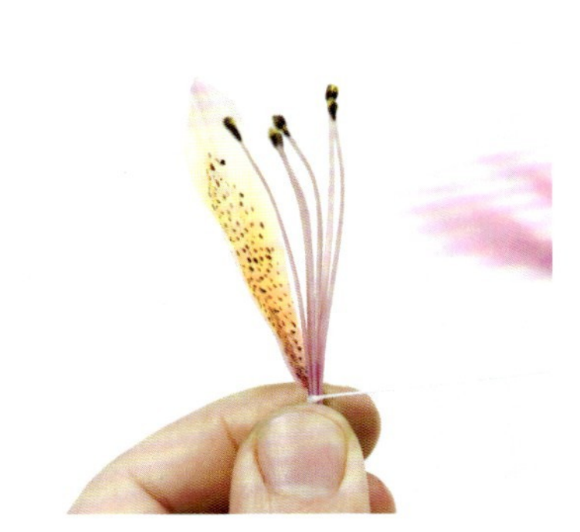

28 把小花瓣和花蕊缠紧，花瓣要比花蕊高一些。

29 第二片小花瓣也是一样的高度。

30 绑上第三片小花瓣，3 片等距离。

31 第四片安装大花瓣，绑在上一层花瓣的交叉点，根部对齐。

32 第五片安装大花瓣，绑在上一层花瓣的交叉点，根部对齐，缠紧。

33 第六片安装大花瓣，缠好后，调整一下花瓣的位置。

34 用手把花瓣的边缘卷一下，让弧度更自然些。

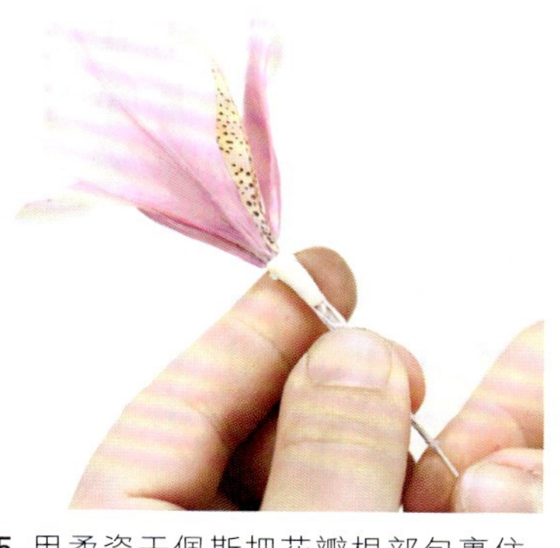

35 用柔瓷干佩斯把花瓣根部包裹住，包得薄一些。

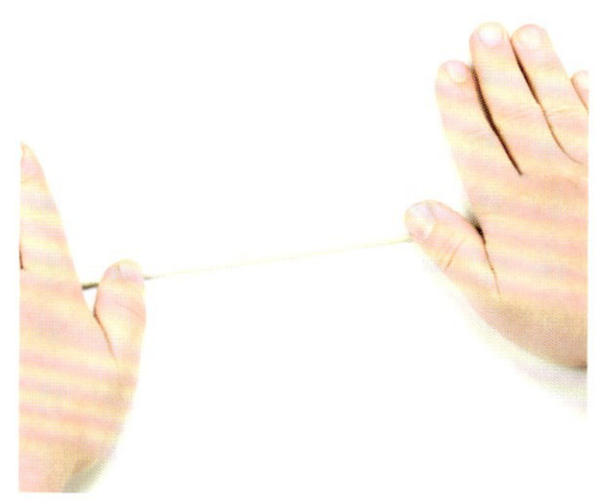

36 柔瓷干佩斯调成浅绿色，搓成长条按扁，把铁丝放到正中间。刷上少许糖花胶水，注意胶水不要太多。材料把铁丝包住，搓成花杆，制作时从中间往两边搓匀，这样杆子会比较均匀。注意花杆需要提前做好，晾干。

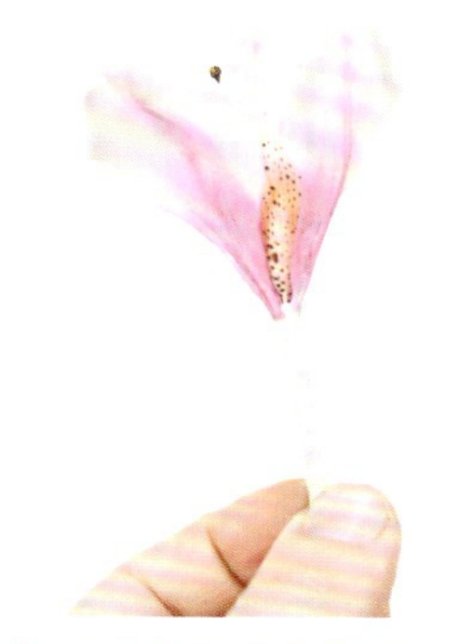

37 把做好的花装到花杆上，用棉线缠紧。

38 接口用柔瓷干佩斯包裹住，制作成百合花的花托。

39 花托要厚一些，把接口抹平。可以加点水抹，让它更加平滑。

40 用镊子把花托的形状夹出来，一般是 6~7 个突起。

41 用柔瓷干佩斯把铁丝露出的地方包住。

42 手上沾点水把接口抹平。

43 花托干透后刷醋栗色色粉，上色的时候刷得轻一点。

44 在醋栗色的基础上再刷一层鲜绿色色粉。

45 花秆刷一层鲜绿色色粉。

46 压面机调到 7 档，把用作叶子的柔瓷干佩斯压好，用豪猪刺划出叶子的形状。没有模具时，就可以这样用豪猪刺或美工刀划出想要的叶子的形状，一般是细长的水滴形。

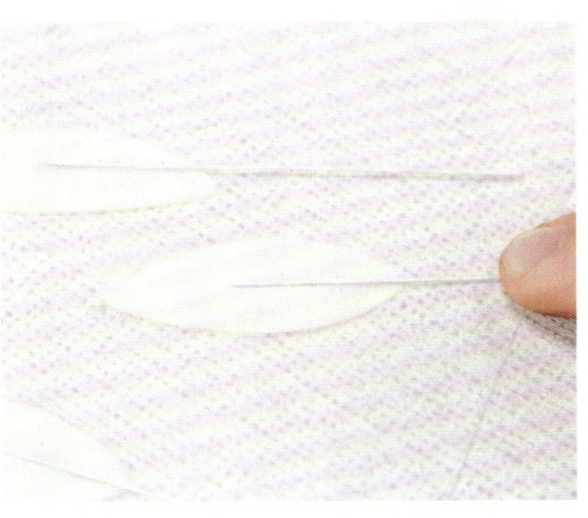

47 每一片叶子都放上 30 号铁丝，铁丝放在叶子的 2/3 处。

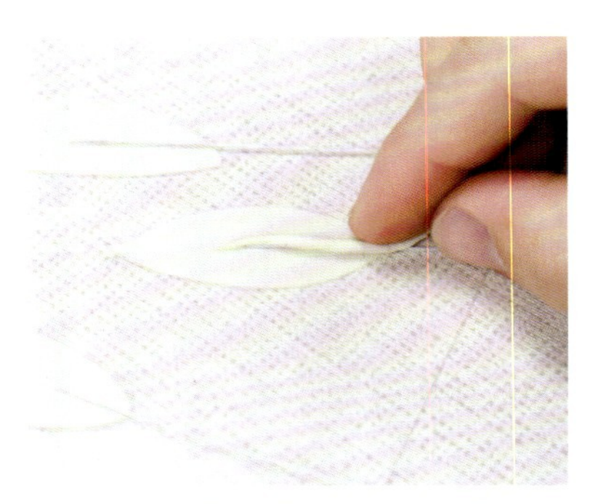

48 揉一个柔瓷干佩斯长条把铁丝盖住。

49 用豪猪刺把接口抹平，从下向上平移，把叶子边缘压薄。

50 用秘鲁百合叶子压模压出纹路。

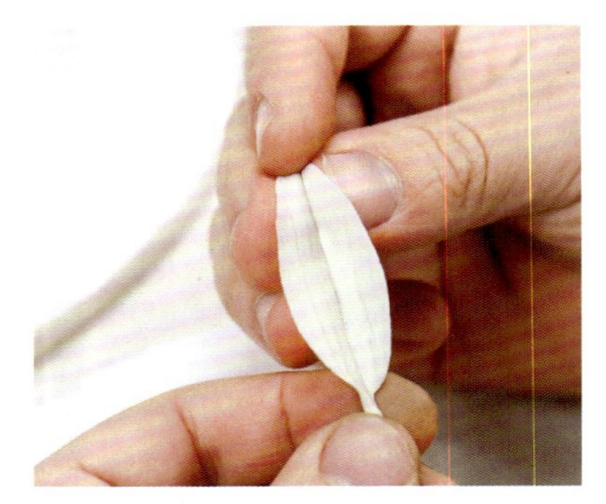

51 用手把叶子的尖尖往后弯。

52 用鲜绿色色粉刷叶子。

53 从根部上色，由深到浅过渡。

54 用深绿色色粉在叶子根部加深。

55 叶子尖尖和边缘刷上醋栗色色粉。上好色后喷糖艺光亮保护胶。

56 花杆剪开一个口子，用老虎钳夹住叶子的铁丝，装到花杆上。

57 用柔瓷干佩斯把接口抹平。

58 花杆上再剪开一个口子，用豪猪刺扎一个洞，方便叶子的铁丝更好地插进去。

59 同法装上另一片叶子。

60 叶子装好后，花杆刷上醋栗色色粉。

61 用鲜绿色色粉在叶子根部加深。最后喷糖艺光亮保护胶，花就做好了。

## 子任务二

# 郁金香

1 制作花秆。2 根 18 号铁丝用棉线缠紧。

2 绿色柔瓷干佩斯搓长条压扁，铁丝按到材料中间，两边的材料捏在一起包住铁丝（上下的铁丝各露出 4 毫米）。

3 收好接口，用手掌在桌面上来回搓动使花秆粗细均匀，最后在桌面喷点水把花秆搓光滑即可（搓好的花秆顶端直径 4 毫米，末端直径 5 毫米）。

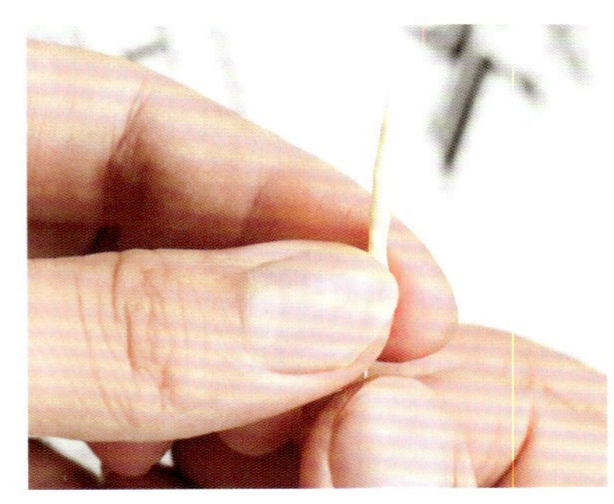

4 制作花丝。用绿色柔瓷干佩斯包裹住30号铁丝，顶部要露一点铁丝。

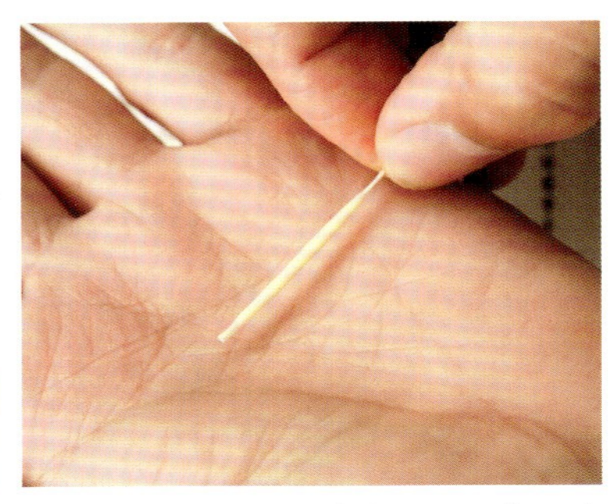

5 在桌面上搓光滑（长 2.5 厘米，直径 2 毫米）。

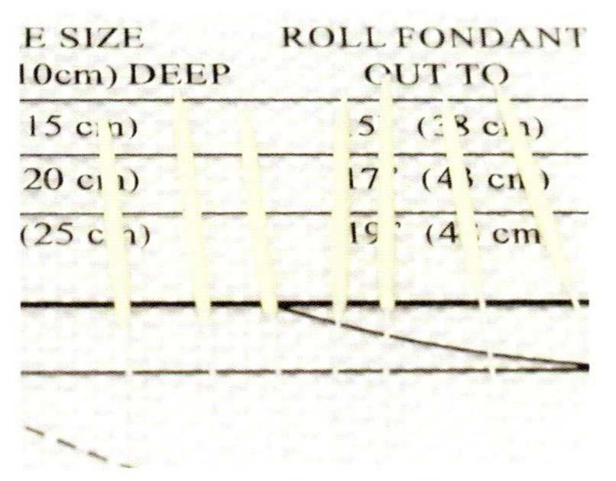


6 花丝一共做 7 根，长短可不一。

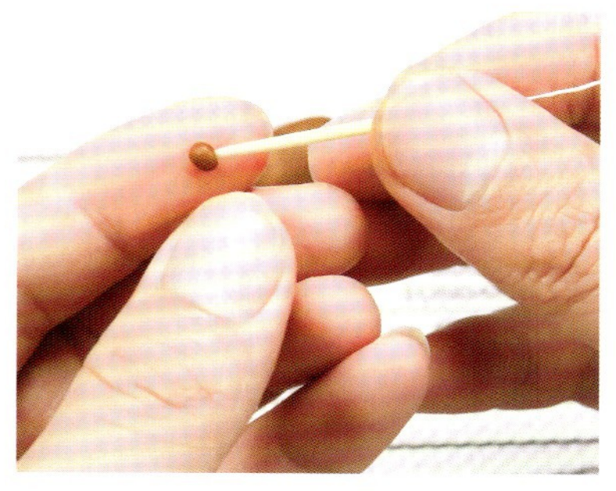

7 制作雄花蕊。搓直径 4 毫米的咖色圆球，插在花丝顶部。

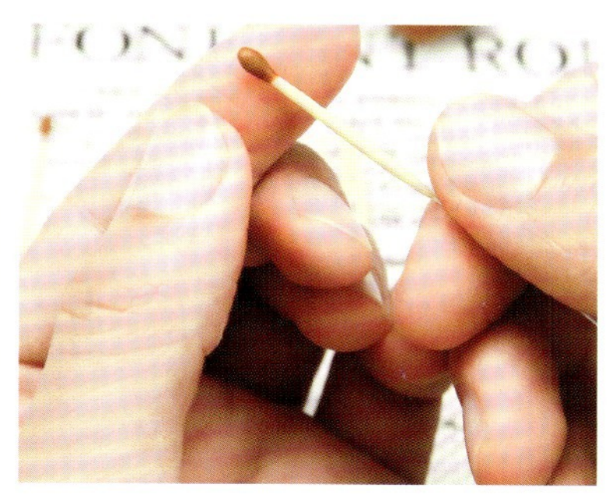

8 接口用手指捏细收平。

9 用 1 号黑色碾花棒扁的一头在花蕊上压出等间距的竖纹（一共做 6 根）。

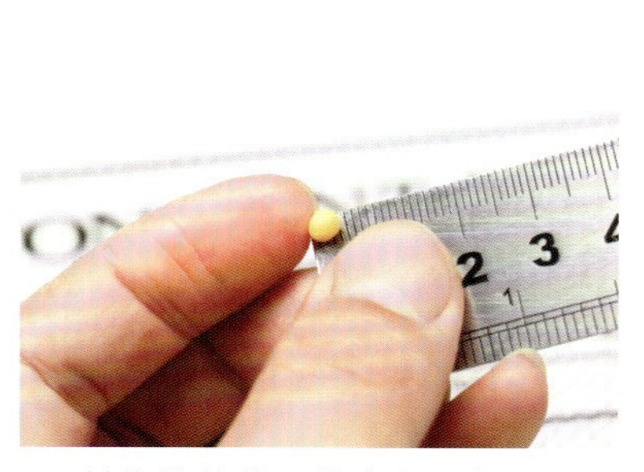

10 制作雌花蕊。搓直径 4 毫米的黄色圆球。

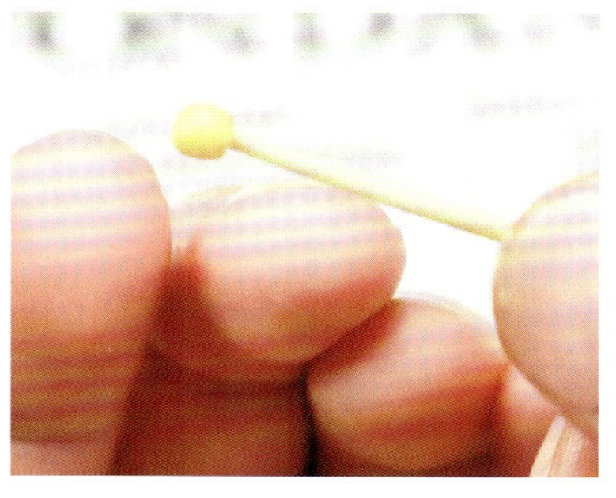

11 插入制作好的花丝，用手把接口捏紧。

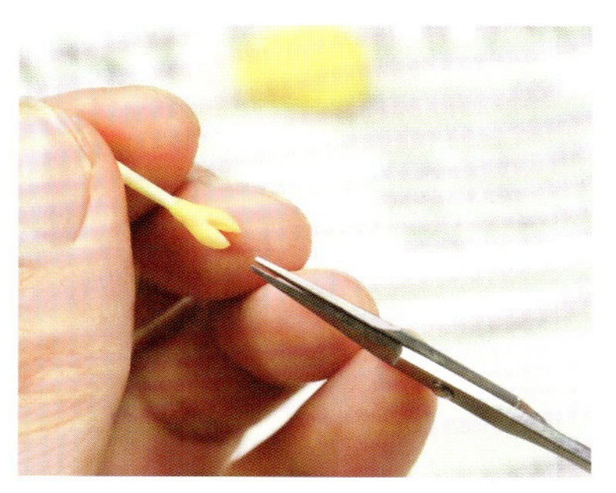

12 用剪刀在柱头中间剪十字。

13 剪好后 4 个尖向外伸展。

14 1 根黄色雌花蕊，6 根咖色雄花蕊。

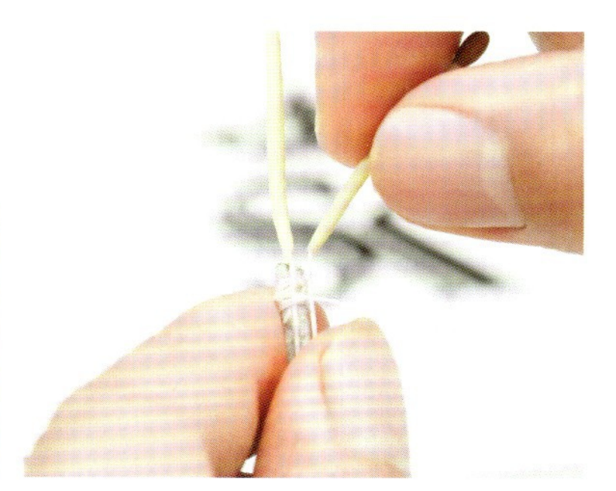

15 用棉线缠住步骤 3 花杆顶部的铁丝，把黄色的雌花蕊绑到中间。

16 雄花蕊等距离绑一圈。

17 调整花蕊的弧度不要太直。

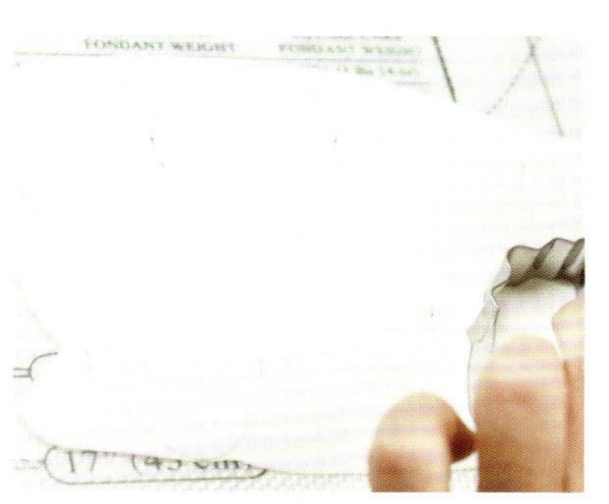

18 制作花瓣。压面机调 4 档，把白色柔瓷干佩斯压薄，用大号花瓣切模压 6 片，小号切模压 2 片。

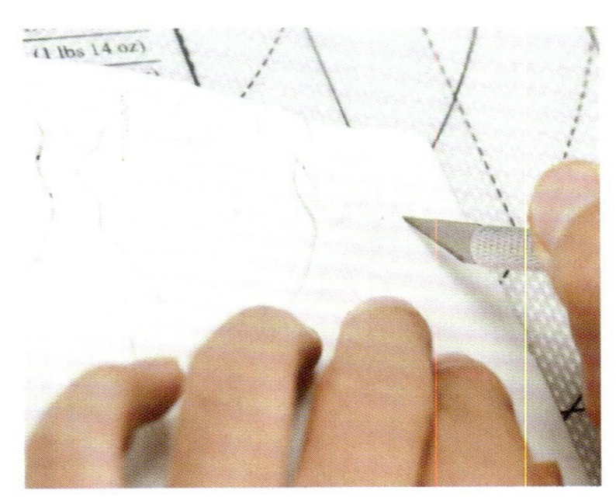

19 多的材料切长条，用来盖住铁丝。

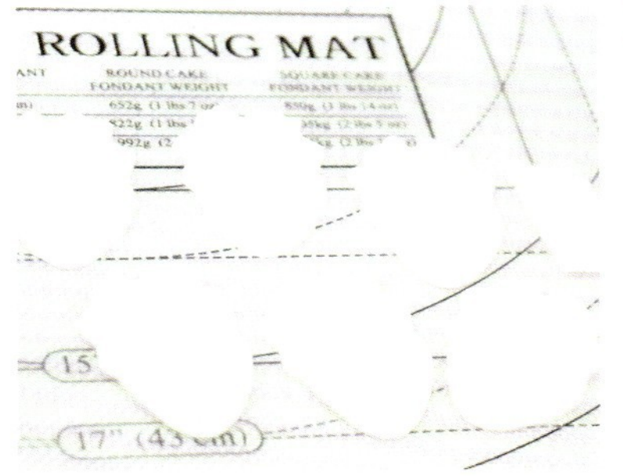


20 压好的花瓣。

21 用豪猪刺尖把花瓣边缘压薄。

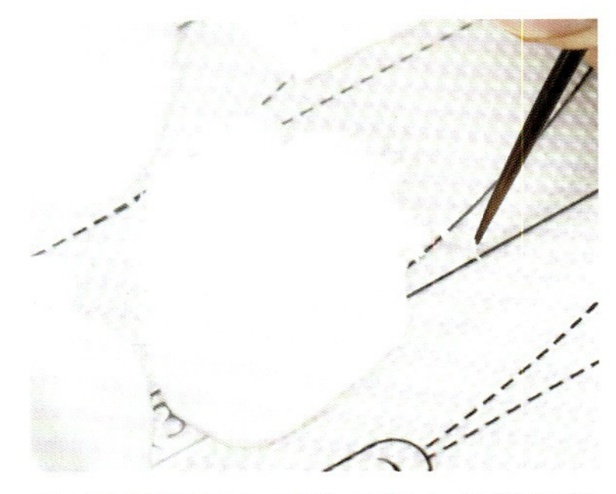

22 用豪猪刺尖竖着从里向外把花瓣边缘刮出毛边。

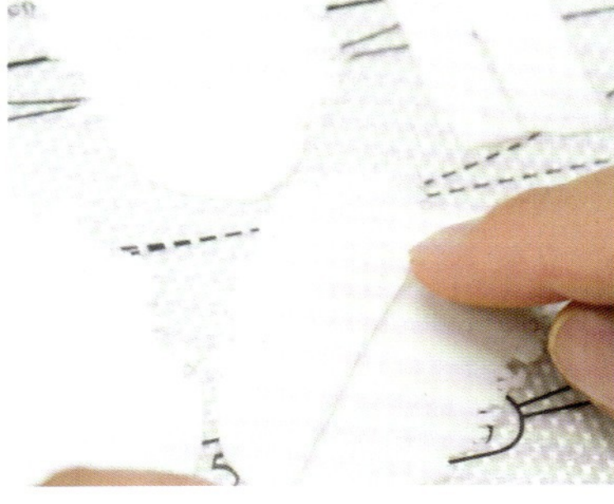

23 刮好的花瓣中间放上 30 号铁丝（铁丝长 8 厘米）。

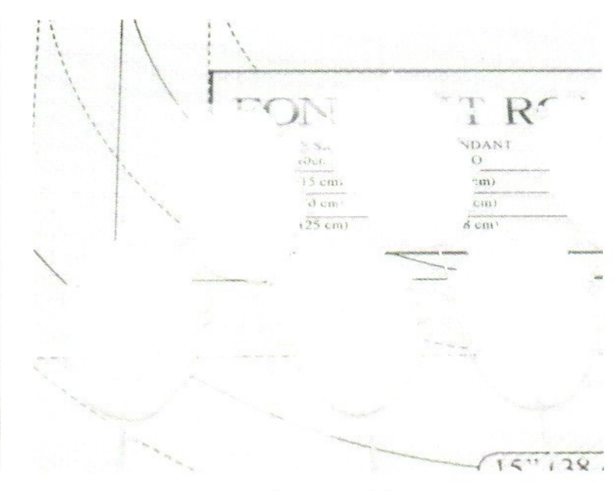

24 盖上长条把接口压薄即可。

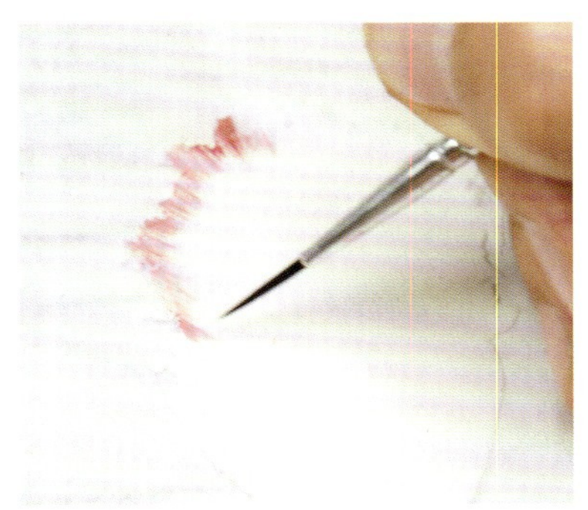

25 用勾线笔沾酒红色色粉沿花瓣边缘画出长短不一的线条，线条要根根分明。

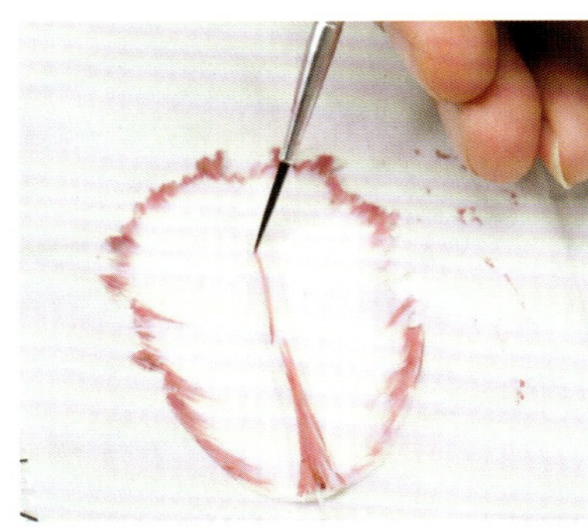

26 在花瓣中间也画一些线条，画另一面可以通过反面的阴影复描（正反面的线条位置要基本一致）。

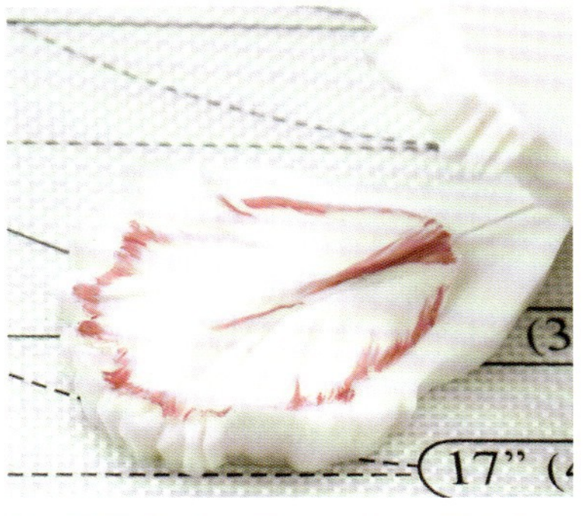

27 表面颜色半干时，放到模具靠上边的位置压出纹路。

28 花瓣放到掌心按出弧度。

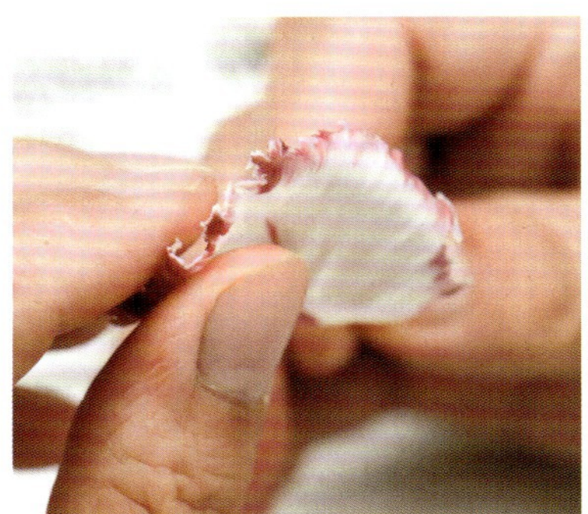

29 用手指把花瓣边缘卷出弧度。

30 共制作 8 片花瓣，取 2 片，用勾线笔沾抹茶绿色色粉，从下往上刷出条纹。

31 正反面都刷上相同的绿色。

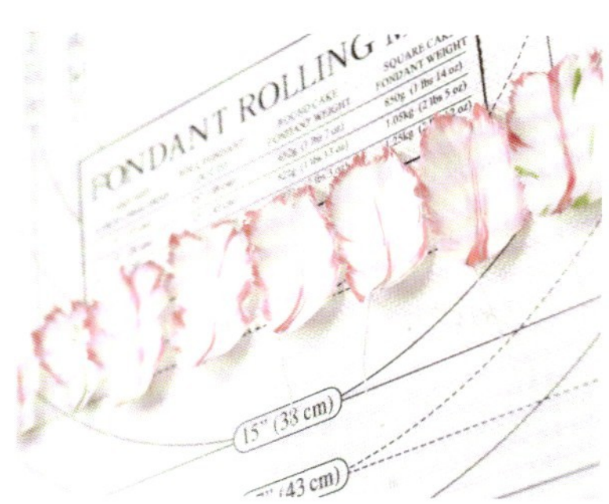


32 花瓣做好后等定型后再组装。

33 压面机调 4 档擀薄绿色柔瓷干佩斯，用画好的纸模放到材料上裁出形状（纸模是用真花叶子按 1：1 裁的）。

34 用豪猪刺把叶子边缘压薄。

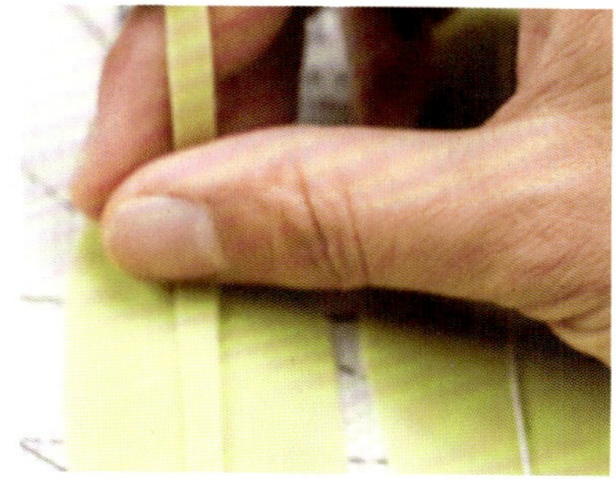

35 24 号铁丝放到叶子中间，占叶子的 2/3。切好的长条盖住铁丝。

36 用豪猪刺把长条接口压平。

37 用毛笔沾苔藓绿色色粉把叶子正反面刷色（刷色要顺着同一个方向，不要来回刷）。

38 接着正反面再刷一层深绿色色粉。

39 把叶子放入纹路模中间压出纹路。

40 把叶子尖部卷出弧度。

41 叶子整个边缘用手卷出弧度，做好后泡糖艺光亮保护胶。

42 做好的叶子颜色均匀，弧度自然。

43 制作大叶子。先刷鲜绿色色粉，再刷深绿色色粉。

44 叶子太大，先把前半片叶子放入模具压出纹路，再压后半片。

45 边缘用手指卷出弧度，做好后泡糖艺光亮保护胶。

46 花蕊根部缠紧棉线。

47 安装第一层花瓣。第一片花瓣根部与花蕊根部齐平绑紧。

48 第二片花瓣右边包住第一片花瓣的左边，根部齐平（从左往右）绑紧。

49 3片一圈，根部齐平，绑好调整一下弧度（第一层花瓣弧度向内）。

50 第二层第一片花瓣安装在上一层两片花瓣中间的位置。

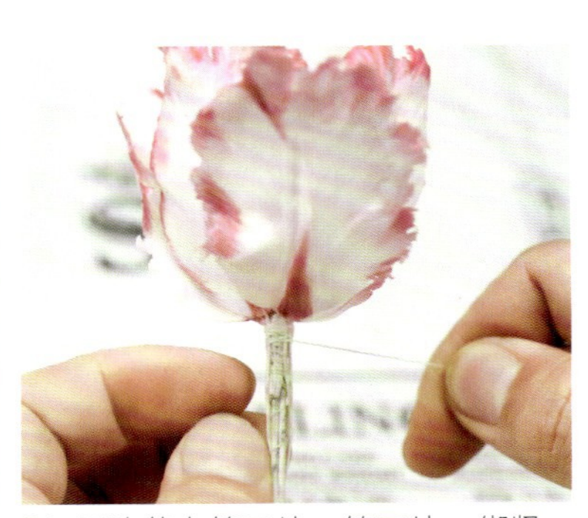

51 同法装上第二片、第三片，绑紧。

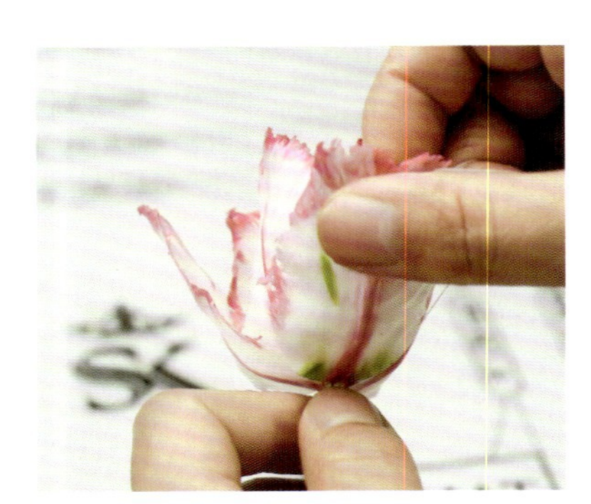

52 把刷上绿色的花瓣绑到第二层。

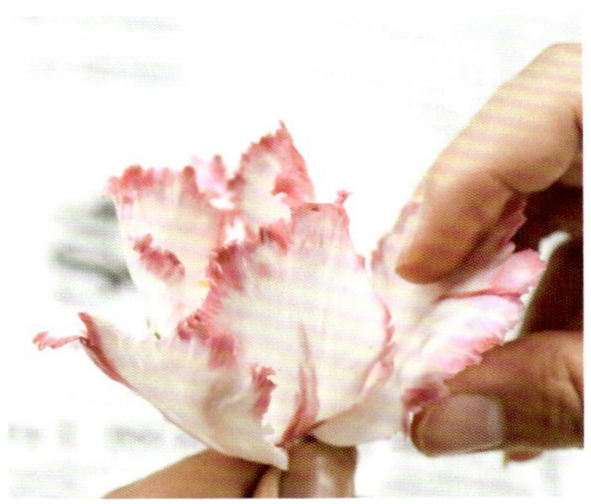

53 调整两层花瓣的弧度。

54 第三层两片小号花瓣安装在上层花瓣中间的位置，绑好，要用线多缠几圈。

55 用绿色的柔瓷干佩斯包裹铁丝。

56 接口收紧，与下边的花杆要搓得粗细一致。

57 沾水把表面和花朵底部的接口抹光滑，晾干刷色。

58 先用毛笔刷一层淡黄色色粉（往一个方向刷均匀）。

59 接着刷鲜绿色色粉（往一个方向刷均匀），即可泡糖艺光亮保护胶。

60 在叶子的铁丝上刷糖花胶水。

61 在花杆中上的位置用糖霜针扎洞，插上第一片叶子。

62 叶子包住花杆。

63 第二片、第三片叶子安装在如图所示位置。

子任务三

# 天堂鸟

天堂鸟制作
步骤图

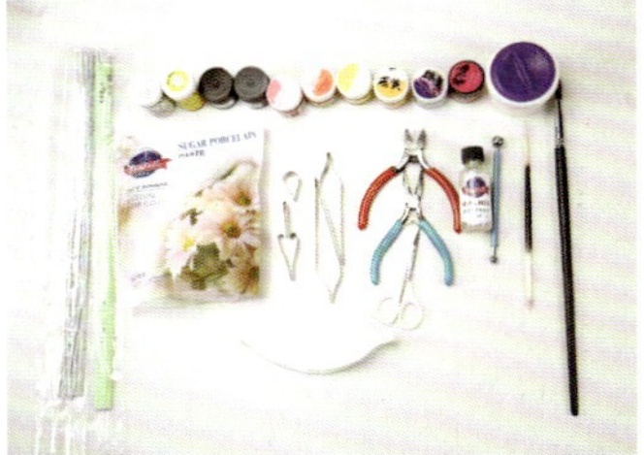

子任务四

# 晚香玉

晚香玉制作
步骤图

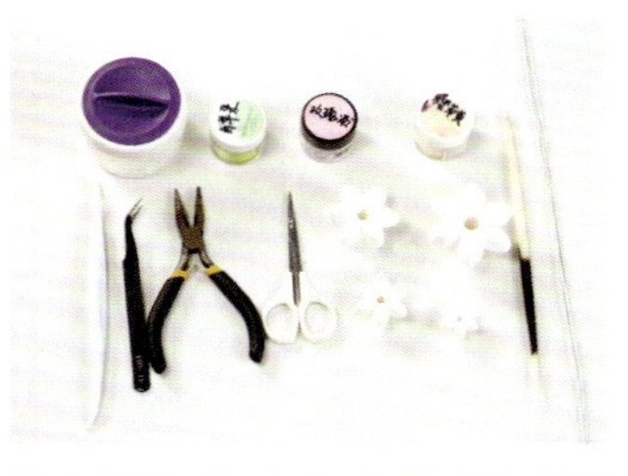

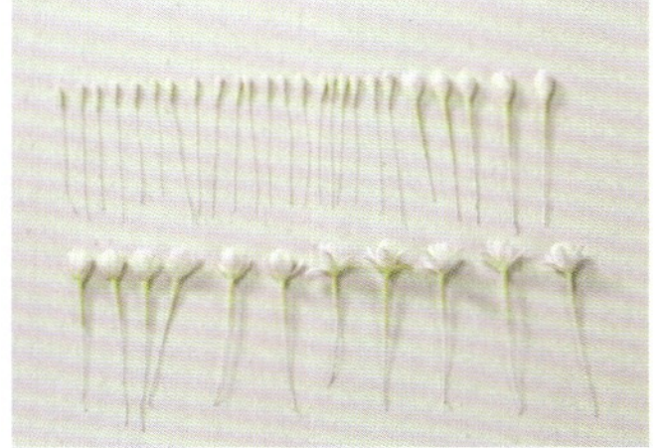

子任务五

# 西番莲

西番莲制作步骤图

子任务六

# 洋桔梗

洋桔梗制作步骤图

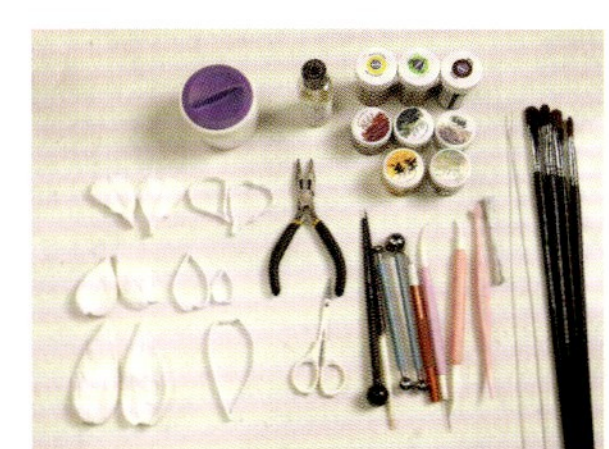

## 子任务七
# 向日葵

向日葵制作步骤图

## 子任务八
# 松虫草

松虫草制作步骤图

## 子任务九

# 鸡蛋花

鸡蛋花制作步骤图

## 子任务十

# 粉色帝王花

粉色帝王花制作步骤图

## 质量标准

花瓣外形完整，配色和谐美观，造型自然逼真。

## 任务评价

填写糖花制作评价表。

糖花制作评价表

| 班级 | 姓名 | | 日期：　年　月　日 | |
| --- | --- | --- | --- | --- |
| 序号 | 评价指标（每项 20 分） | 自评 | 组评 | 师评 |
| 1 | 工具、材料准备情况 | | | |
| 2 | 花瓣外形是否完整美观 | | | |
| 3 | 花瓣配色是否自然和谐 | | | |
| 4 | 糖花造型是否自然逼真 | | | |
| 5 | 糖花保存条件是否适宜 | | | |
| 备注 | 总分100分，80分为优秀，70分为良好，60分为合格，60分以下为不合格，总分=自评（30%）+组评（30%）+师评（40%） | | | |

## 任务检测

1. 制作六出花及枝叶。
2. 制作郁金香及枝叶。

# 制作糖霜吊线与糖霜饼干

## 项目导学

糖霜也称糖饰之衣，是蛋糕及其他烘焙点心的甜味外衣，是糖浆结晶而成的光滑的乳白色糖饰制品，可以在蛋糕表面形成光亮的不粘手的涂层，常用来制作蛋糕的蕾丝装饰、糖霜饼干，以及应用于姜饼人、姜饼屋等。

## 项目目标

**知识教学目标：**通过本项目的学习，了解糖霜的作用，掌握糖霜的制作方法。

**能力培养目标：**熟练运用所学知识与技能制作糖霜制品。

**职业情感目标：**激发学生自主学习、刻苦钻研、追求卓越的奋斗精神，培养学生敬业专注、精益求精、创新合作的工作态度。

## 任务一　制作糖霜

糖霜来源于英国，是用糖浆熬制的乳白色的、类似奶油质感的物质，是英式传统蛋糕中常用的装饰材料，颜色乳白，质地轻柔，但干燥后会变

得坚硬，并且可长期保存不变形。糖霜可以用来做成花朵或裱制成各种形状，而且能够装饰在光滑的表面上。

## 任务目标

1. 了解糖霜调配的工具与材料。
2. 掌握糖霜的调配方法和使用技法。
3. 在制作过程中，养成良好的安全卫生习惯和专注敬业的工作态度。

## 相关知识

### 一、糖霜制作常用工具

①筛网　②玻璃碗
③量杯　④厨师机
⑤玻璃纸
⑥扎丝（金丝扣）
⑦裱花袋　⑧毛巾
⑨糖霜针（细）
⑩糖霜针（粗）
⑪裱花嘴　⑫剪刀
⑬~⑭软刮刀　⑮打蛋器
⑯珠针　⑰叶型拍

### 二、糖霜常用材料

糖霜粉
蛋白霜粉
糖浆（浓度 80%）
纯净水

## 三、材料说明

1）糖霜粉：最好使用仙妮贝儿糖霜粉或 CH 牌糖霜粉，因为其粉质超细，适用于糖霜吊线。

2）蛋白霜粉：仙妮贝儿、惠尔通蛋白霜粉质量较好，味道较香，质地较纯，稳定性好，打出来的糖霜洁白细腻。

3）糖浆：浓度 80% 的糖浆都可以使用，做出来的糖霜表面更有光泽，韧性好，且糖霜干透后更加坚硬不易碎。糖霜与糖浆的使用比例为 20 ∶ 1。

## 四、糖霜调制

材料：蛋白霜粉 45 克，水 85 克（常温纯净水），糖霜粉 500 克，糖浆 25 克

糖霜制作视频

做法：

①将蛋白霜粉和糖霜粉过筛，用硅胶刮勺搅拌均匀。

②加入水，用硅胶刮勺一点点地搅拌融合至无颗粒状，再加入糖浆拌匀。

③搅拌均匀后，放入厨师机中，以中慢速打至中性发泡（鸡尾状）即可。

## 五、糖霜制作注意事项

1）不要使用蛋白代替蛋白霜粉，否则打出来的糖霜稳定性不好。

2）制作前，所有工具都要用洗洁精洗净晾干，因为配方中有蛋白霜粉，如果有油，糖霜无法打发。

3）糖霜粉必须过筛，因为过筛后糖霜粉充入空气，会变得蓬松，更易打发且无颗粒。

4）蛋白霜粉不易溶于水，先将糖霜粉和蛋白霜粉拌匀后再加水拌。

5）搅拌均匀后放入厨师机中打 8~10 分钟，不能用手持打蛋器，因为糖霜比较硬，手持打蛋器功率不够。

## 六、糖霜的调制状态

糖霜的调制，一般有如下几种状态。

### 1. 填充状态

材料和水一般 6~12 秒就融合即为填充状态。

填充状态

## 2. 软鸡尾状

软鸡尾状

处于软鸡尾状的糖霜，可用于平面拉线、刺绣等，具体用量需要按实际情况而定，因为糖霜受湿度影响较大。

## 3. 鸡尾状

鸡尾状

鸡尾状的糖霜，主要用于悬空拉线、挤花边，以及软鸡尾状适用的技法。因为鸡尾状更硬，手挤时需要更大力气，所以在用同样的技法时会选择相对省力的软鸡尾状。悬空吊线必须用鸡尾状糖霜；平面拉线可以用软鸡尾状糖霜，也可以用鸡尾状糖霜，不过软鸡尾状糖霜软一些更好挤。

糖霜调制
状态视频

## 4. 尖峰状

尖峰状

尖峰状的糖霜，主要用于刺绣，这是所有状态中最硬的。

## 5. 基础状态

基础状态

刚打好的糖霜或静置一夜后的糖霜，组织粗糙有大气孔，此时需要先搅拌均匀至光滑，方能使用。

# 七、糖霜使用技法

## 1. 糖霜直线拉法

手均匀地用力挤裱花袋，从起点向终点方向匀速移动。要稍稍提起裱花袋，距离蛋糕体约 1 厘米，这样挤出来的直线会比较直。如果离得太近，挤出来的直线就会凹凸不平。

①吊线时将糖霜挤出一点固定在玻璃纸上为起点，然后挤料的同时向后悬空牵拉。

②将裱花袋悬空持续用力挤出原料的同时保持直线运行并逐渐落下线条。

③直到最后落下全部糖霜线条，形成平滑的直线糖霜吊线。

糖霜直线和曲线拉法视频

### 2. 糖霜曲线拉法

手均匀地用力挤裱花袋，从起点向终点方向移动，画出想要的曲线。将裱花袋稍微提起，手要控制好线的走向。

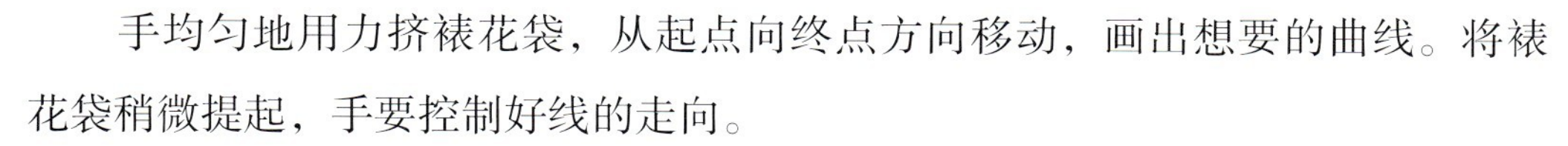

①吊线时先将糖霜挤出一点固定在玻璃纸上为起点，然后挤料的同时向后悬空牵拉。

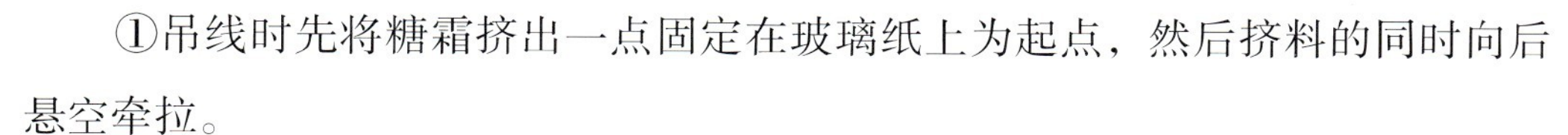

②将裱花袋悬空持续用力挤出原料的同时按照图纸的形状逐渐落下形成线条，使其形成 S 形。

③糖霜完全落下结束曲线线条的绘制。

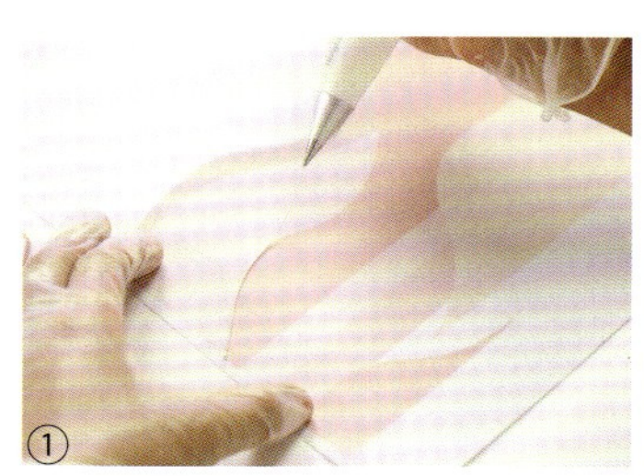
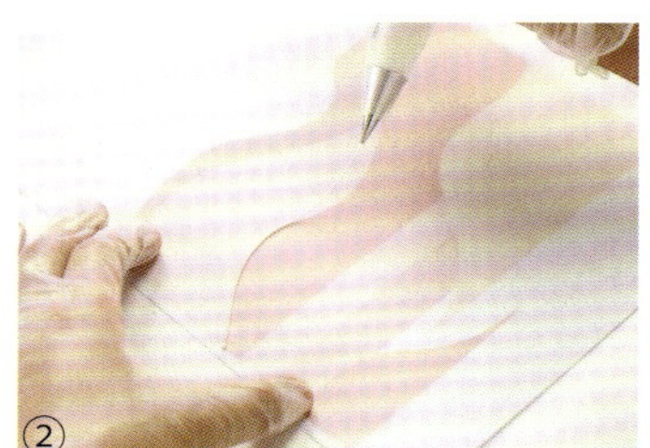
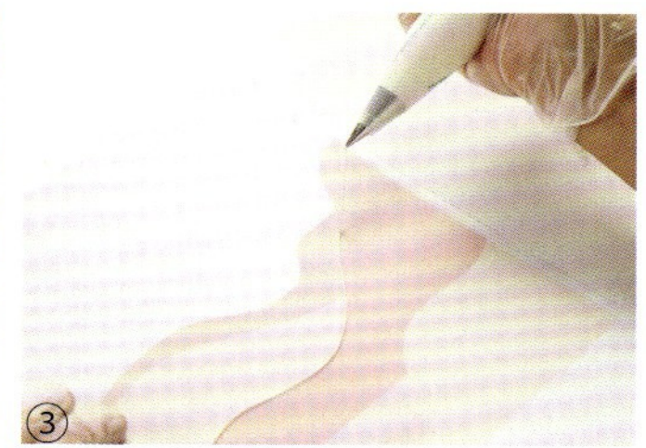

### 3. 糖霜填充

先勾勒出饼干边缘，然后将内部填满，填充时手边抖动边挤，这样可以排出一些大气泡，最后用糖霜针将气泡戳破。如果表面凹凸不平，可以将饼干上下左右轻轻晃动一下，令其变平整。如果个别部分凹凸不平，可以用糖霜针稍微整理。

## 八、糖霜制作常见问题

### 1. 糖霜的储存

1）短时间保存：刚打好的糖霜可以盖上湿毛巾暂时保存，防止水分蒸发。

2）长时间保存：密封放入冷藏室中，可储存 15 天，取出时放进厨师机重新搅打至呈鸡尾状即可使用。

### 2. 糖霜与奶油

糖霜不可与奶油直接接触，因为奶油含水量太高，糖霜遇水则化。

### 3. 糖霜太稀

若按配方打出来的糖霜太稀，没有呈现鸡尾状，原因和当地的空气湿度有关，环境湿度太高时，空气中的水分进入糖霜粉中，从而使糖霜变得稀软，解决方法是再增加一些糖霜粉。

### 4. 糖霜粗糙

打好的糖霜放置一段时间后，内部结构出现变化，里面会出现气泡，看起来很粗糙，解决办法是用厨师机再次搅拌均匀。

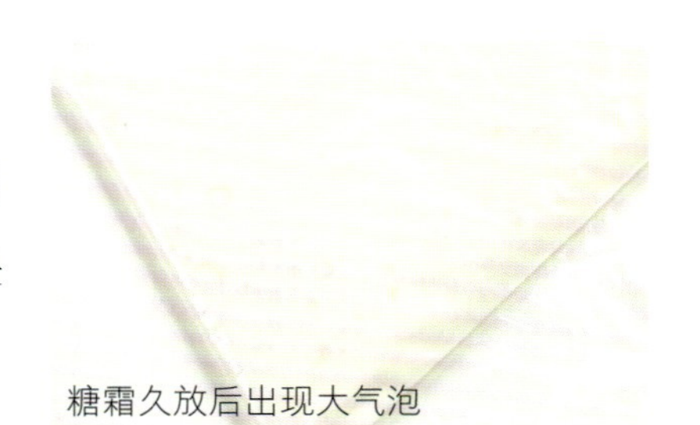
糖霜久放后出现大气泡

任务检测

1. 调配糖霜的工具与材料有哪些？
2. 制作糖霜时有哪些注意事项？
3. 糖霜的调制状态分为哪几种？
4. 糖霜的使用技法是什么？
5. 糖霜制作中的常见问题有哪些？应该如何解决？

## 任务二　制作糖霜吊线

任务导入

糖霜吊线蛋糕来源于英国，其细密的蕾丝线条和精巧的造型，能构建出无与伦比的优雅和令人惊艳的魅力。糖霜吊线蛋糕背后蕴含着蛋糕师高度的专注和非同寻常的细心与耐心。

## 任务目标

1. 了解糖霜吊线的概念。

2. 掌握糖霜吊线的技法运用。

3. 培养学生的审美意识，培养学生专注的工作态度和精益求精的工匠精神。

## 相关知识

糖霜吊线蛋糕的制作包含很多技法，吊线分为单层、多层、立体线条，这三种技法的难度是逐步上升的。在制作复杂的造型时，要把握挤裱的先后顺序，计算好吊线变干硬的速度，以及采用何种硬度及状态的糖霜来制作。

糖霜吊线制作视频

以下是糖霜吊线时的注意事项。

1）吊线时一定要先定好位置，再拉线。

2）填充时，把糖霜放低，放进框里填充，一定要填充均匀、饱满、光滑。

3）拉线时，用力要均匀，这样线不容易断。线之间的间距要控制好，保持一致。

4）在制作小配件时，需要注意每条线的接口，注意收口，一旦接口明显，看起来会比较粗糙。

5）糖霜蛋糕保存时，需要保持干燥。如果是为了展示，需要提前购买亚克力罩，里面放入干燥剂，密封保存。

## 子任务
# 王冠

1 准备4寸[一]、6寸、8寸、10寸泡沫底坯[二]各1个。翻糖皮调蓝紫色，给6寸泡沫底坯包面。

2 用蓝紫色翻糖皮给8寸、10寸的泡沫底坯分别包面。

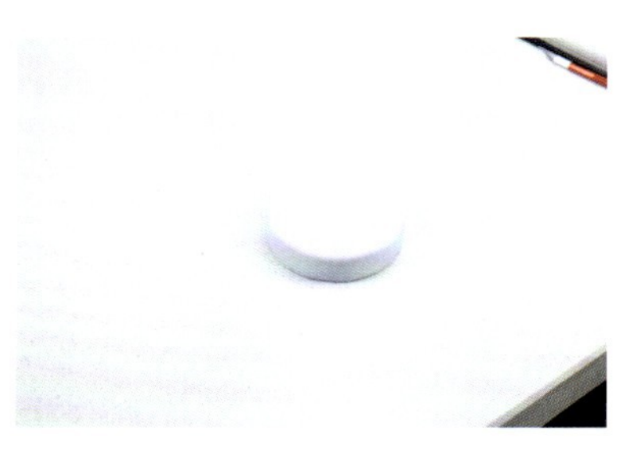

3 再将4寸的泡沫底坯用浅蓝紫色翻糖皮包面。

4 泡沫削成s形，将皇冠的图纸粘在泡沫上。

5 图纸上面盖一层玻璃纸，粘在泡沫上。注意图纸、玻璃纸要粘平整，不能有褶皱。用装好的细裱沿着图纸将外边框和中间线先挤出来。

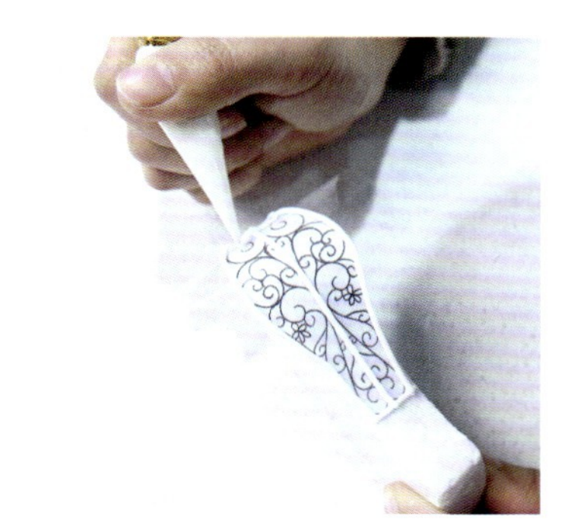

6 外边框挤完后再挤里面的花纹。

---

[一] 寸即英寸，1英寸=2.54厘米。遵照行业习惯，本书统一用寸。

[二] 教学中常用泡沫底坯代替蛋糕底坯用于练习，实际应用中请选择适合的蛋糕底坯。

7 用蓝紫色的糖霜在第一层爱心和花朵的基础上再挤一层。

8 一共挤出 5 片（1 片备用）。

9 将花纹图纸贴在桌面上，上面盖上一层玻璃纸。

10 细裱沿着图纸挤出花纹。

11 挤好花纹后晾干。

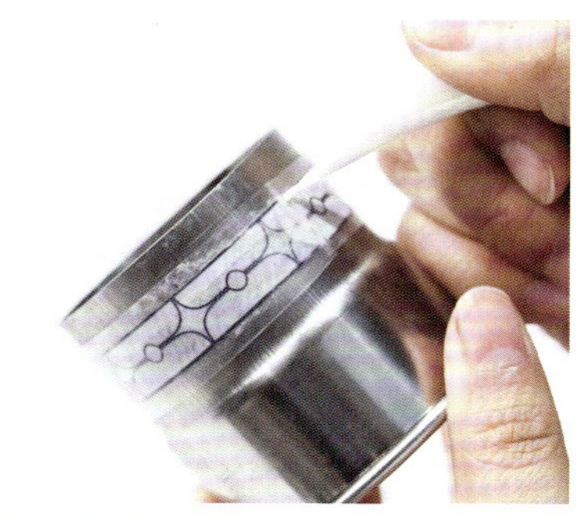

12 将皇冠底部图纸粘在圈模上，用细裱先挤出边缘两条线，再挤出里面的四边形。

13 边缘线和四边形干透后用填充状态的糖霜填充里面。填充时分块填充，每一块干透后再填充下一块。

14 待干透后，轻轻拨动糖霜脱模。

15 剪刀剪出 6 寸蛋糕大小的八角形图纸。

16 放在 6 寸蛋糕顶部中间，用糖霜针沿着边缘划出纹路。

17 纹路自己看得见即可，不用太深。

18 再用圈模把 6 寸蛋糕侧边平均分成 8 份，用糖霜针划出弧度。

19 划出肉眼可见的纹路即可。

20 取蓝紫色鸡尾状糖霜，用玫瑰花裱花嘴挤出小号五瓣花，用白色糖霜挤出花心。

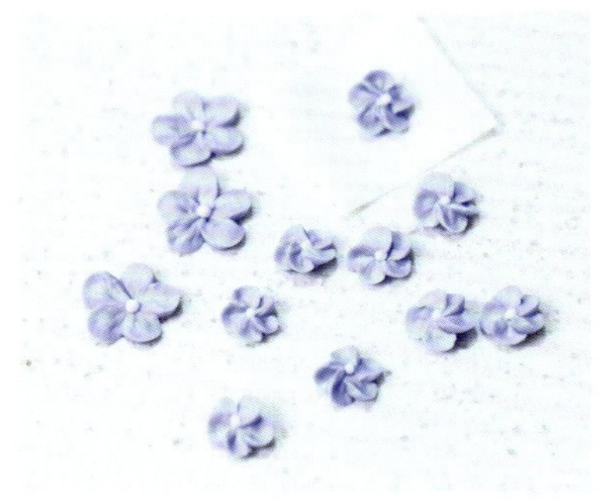

21 大大小小的花朵都挤一些。

22 在底座上挤上糖霜。

23 将 6 寸泡沫底坯粘牢在 8 寸泡沫底坯上，用手按平。

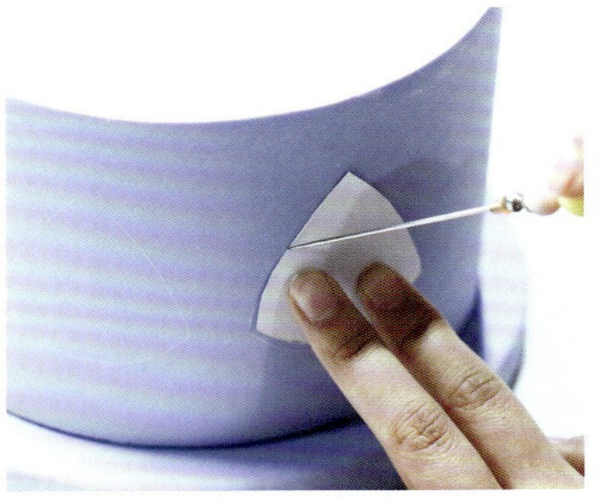

24 将 A4 纸剪出扇子形状，放侧面，用糖霜针划出肉眼可见的纹路即可。

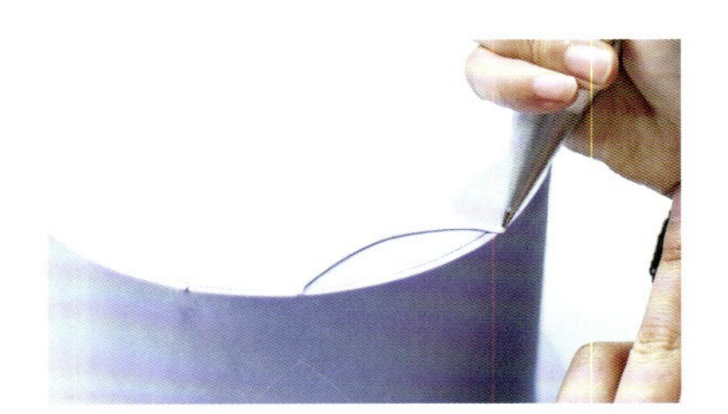

25 开始吊线，先绘制出顶面的八角形。挤的时候手抖可用左手扶着右手加固稳定，可一段一段地挤，裱花嘴要离蛋糕 1 厘米，这样挤出来的线条又圆又好看。

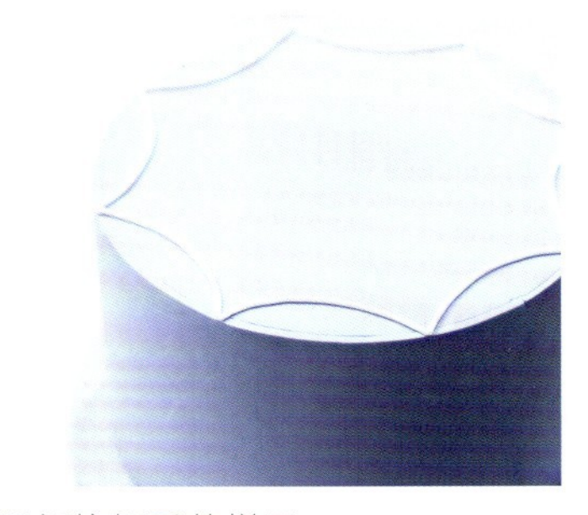

26 顶部挤好后的样子。

27 用 PME2 号圆嘴在侧面挤出弧线。

28 挤的时候要离蛋糕面 1 厘米的距离，这样弧度会更自然好看，快到收尾时就不要挤糖霜了。

29 这是挤完后的样子。

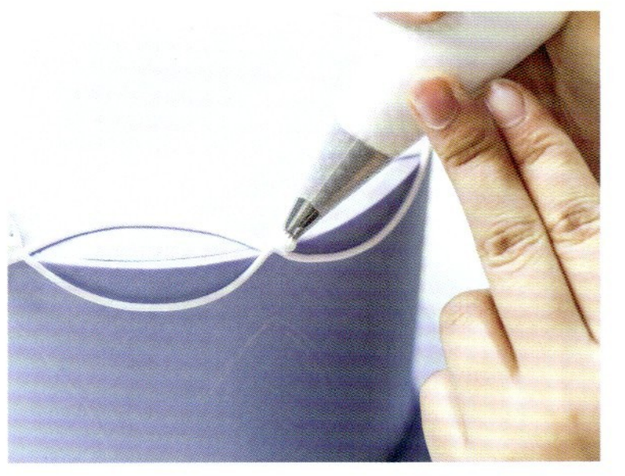

30 用 PME 锯齿嘴开始挤蛋糕侧面边缘的花边。

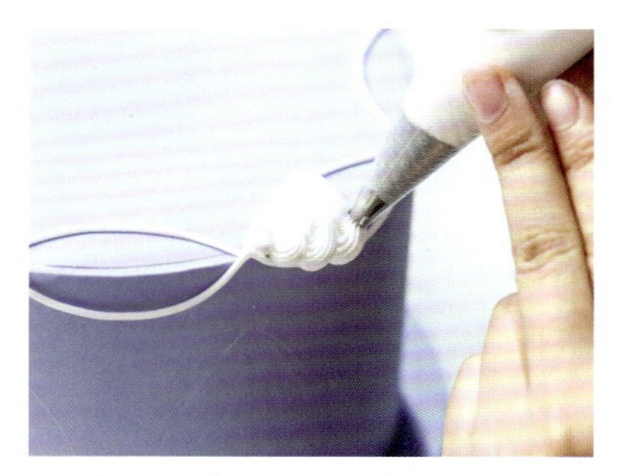

31 上下晃动，由短至长再到短，按照刚刚挤的弧线来挤。挤的时候要贴着前面挤的花纹，不要有缝隙，到结尾处抬高花嘴结束即可。

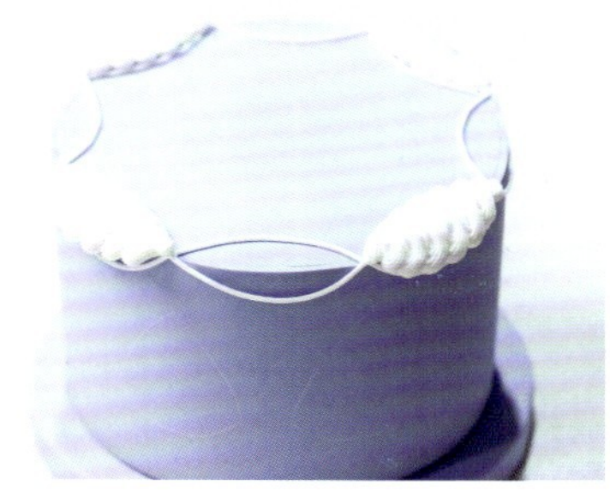

32 花边间隔一格挤一段，共 4 段。

33 在未挤花边的 4 格用细裱挤。

34 挤出迷宫的形状，线条要有缝隙，挤得均匀好看即可。

35 迷宫全部挤好后的样子。

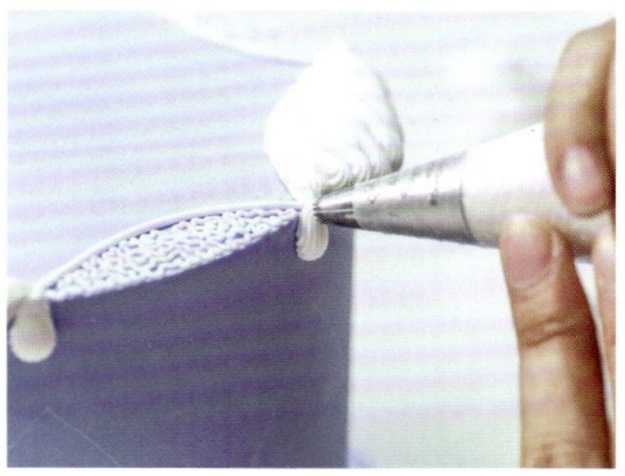

36 用 PME44 号锯齿嘴挤出贝壳边。裱花嘴先挤一个圆再轻轻往上提。

37 在每一个接口处都挤上小贝壳。

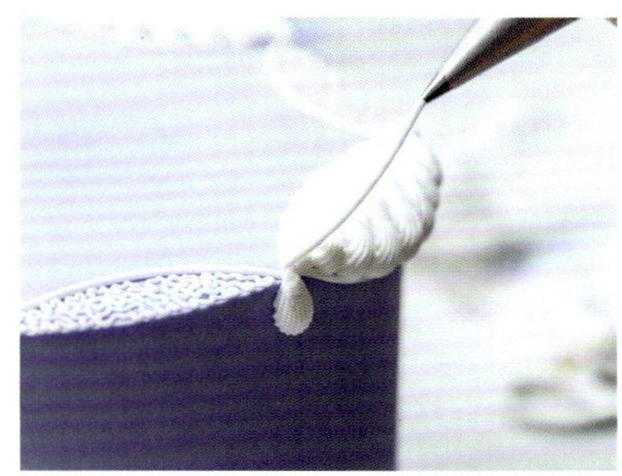

38 用 PME2 号圆嘴在挤好的花纹上挤出一条弧线。

39 让弧线轻轻搭在花边上。

40 同样的手法挤第二根，弧度一高一低，挤的时候可让糖霜悬空 1 厘米左右，挤完后轻轻搭在花边尾部。

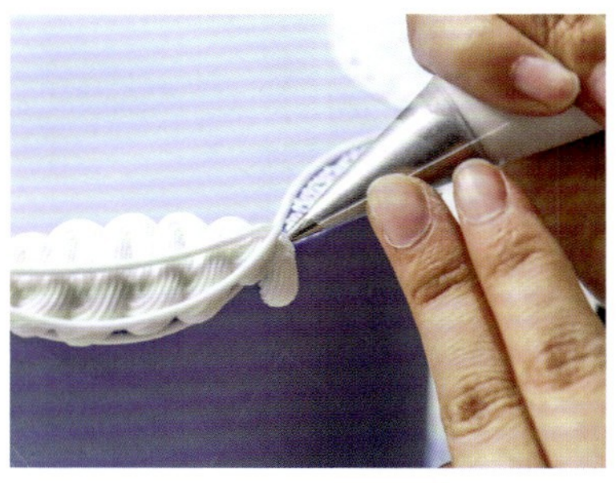

41 沿着迷宫花纹的边缘用 PME2 号圆嘴挤上小豆边，挤的时候注意大小均匀。

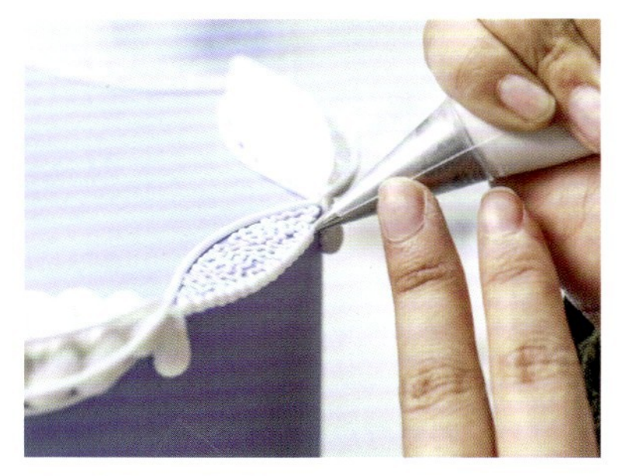

42 挤的时候挤一个圆，再轻轻往后拖动，挤成小水滴的形状。

43 在图示的花纹下方再挤一条弧线，弧线下方用 PME2 号圆嘴挤上小圆点，挤的时候注意间距均匀即可。

44 用PME44号锯齿嘴在蛋糕底部上下滑动挤出毛毛虫形状的花边，挤时由短至长再到短，要均匀好看。

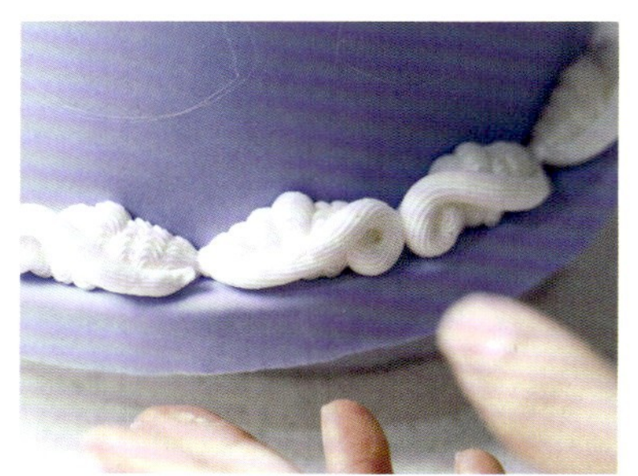

45 在毛毛虫形状的花边上绕出海浪形状的花边，左右要对称。

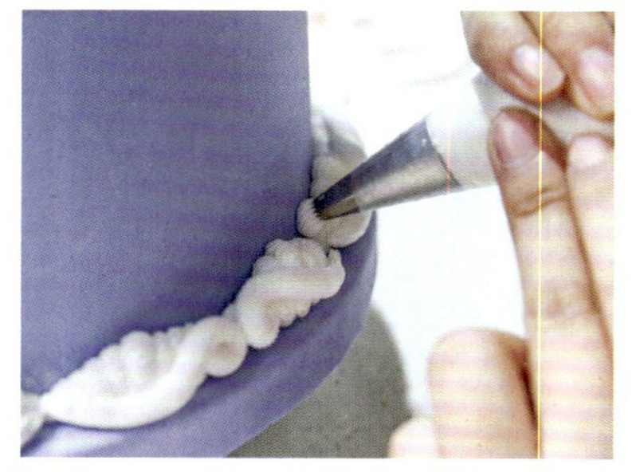

46 在每一对花边间隙也用 PME44 号锯齿嘴挤花边，挤出一个小贝壳。

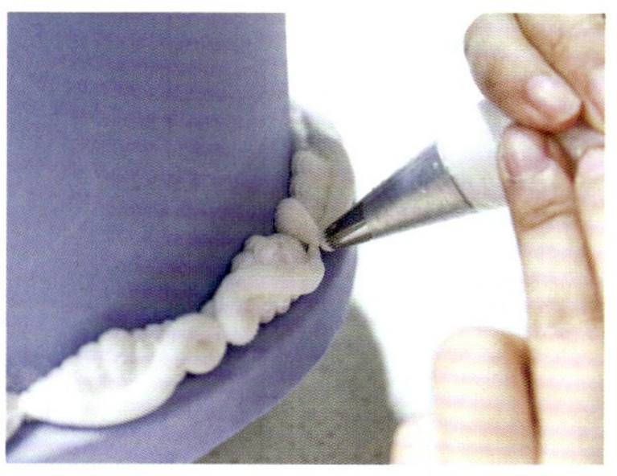

47 挤一个圆轻轻往下拖动，拉出贝壳的小尾巴。

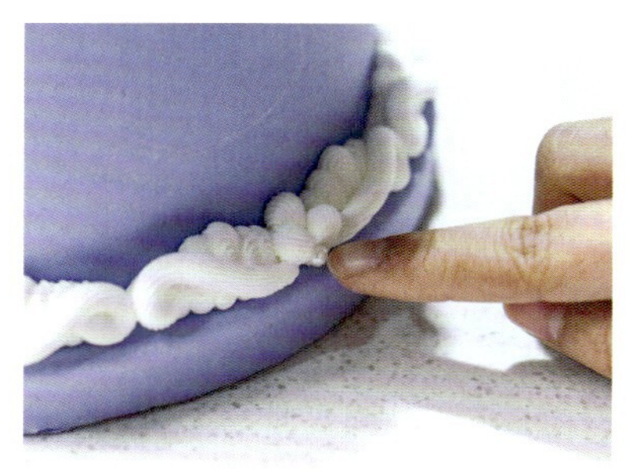

48 在贝壳左下方挤一颗小贝壳，右下方同样挤上一颗，左右对称。在下方贝壳接口处放一颗小糖珠。

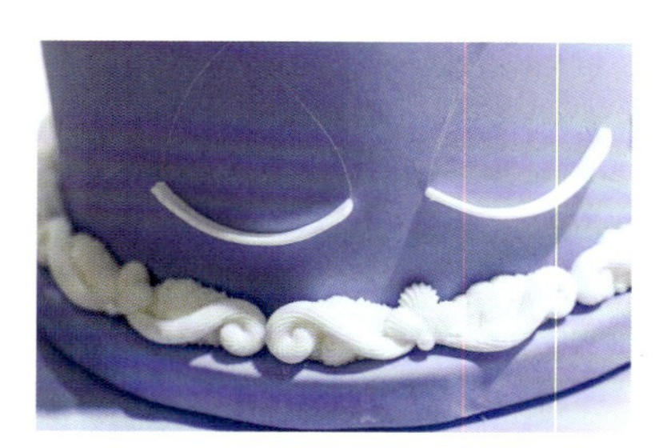

49 在包好面的 10 寸泡沫底坯的顶面挤上较多糖霜，然后把刚刚做好的 8 寸和 6 寸泡沫底坯粘上，用手按压粘牢。在如图位置绘上扇形。

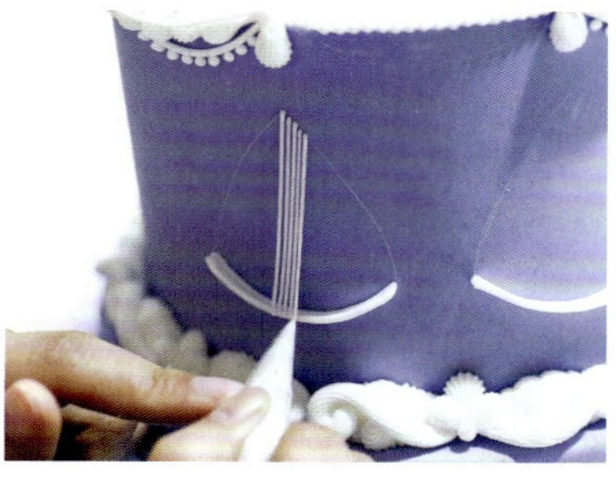

50 在扇形底部，用 PME2 号圆嘴，沿着弧形挤 5 条直线。

51 接着吊线。挤的时候离蛋糕 1 厘米左右，到结尾处轻轻拉直，搭在底部弧线上即可。

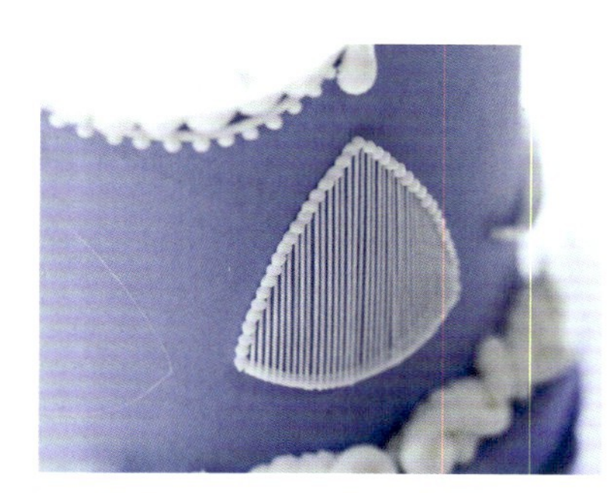

52 在吊线的左右两边接口处挤上小豆边遮住接口。挤的时候也用 PME2 号圆嘴，挤一个圆轻轻往下拖动形成水滴形。

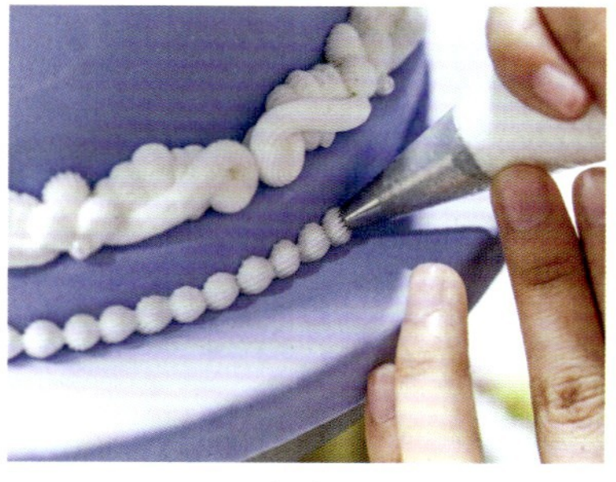

53 用 PME44 号锯齿嘴在底部边缘挤出小贝壳边。

54 在扇形中间挤出 3 朵小花，在花中间挤上蓝紫色花心。

55 在花朵边缘挤上弧形的藤蔓。

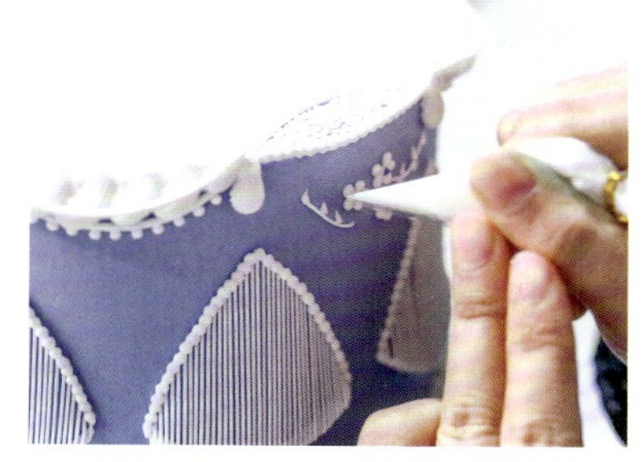

56 在藤蔓边缘挤上小叶子。

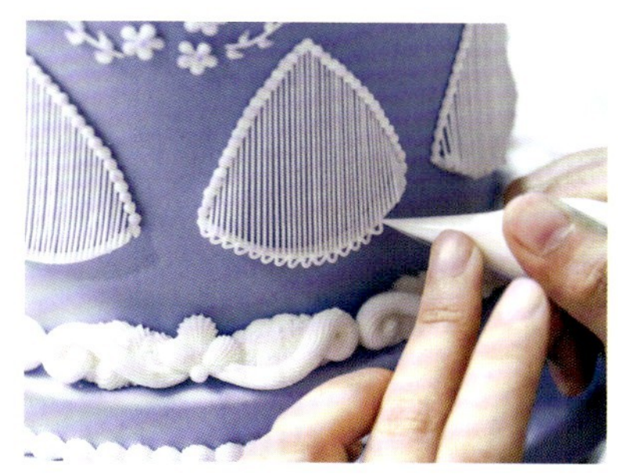

57 在扇形底部用细裱绕圆挤上小花边。

58 将顶部小圆坯粘在 6 寸泡沫底坯上。

59 在如图的缝隙处用 PME44 号锯齿嘴挤出小贝壳。

60 把步骤 21 做好的小号五瓣花背面挤糖霜，粘在接口处。

61 步骤 8 和步骤 14 做好的皇冠配件和皇冠底部进行组装，在配件底部挤上糖霜。

62 粘在皇冠的底部，先对称粘两片。接着再粘另外两片，皇冠的大形就出来了。

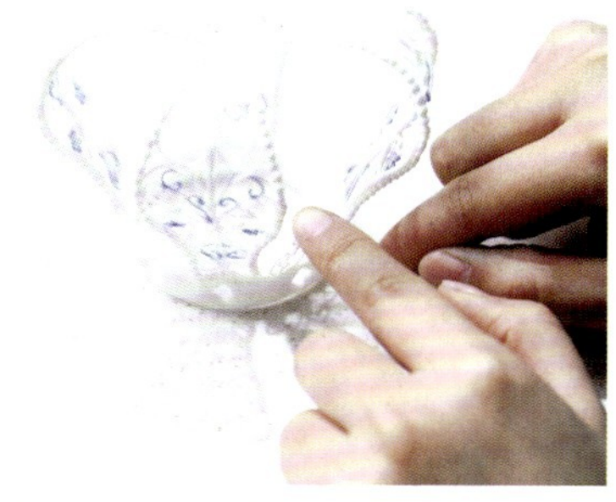

63 步骤 11 做好的配件底部挤上糖霜，装在皇冠侧面空白处。

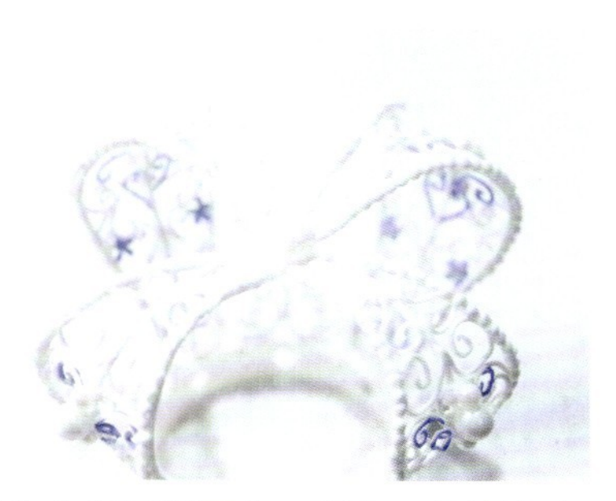

64 在皇冠侧面粘一颗大一点的糖珠，在大糖珠的上下位置用糖霜粘上两颗小糖珠。在皇冠顶部用糖霜粘一颗大糖珠。

65 将组装好的皇冠底部挤糖霜粘在图示位置。

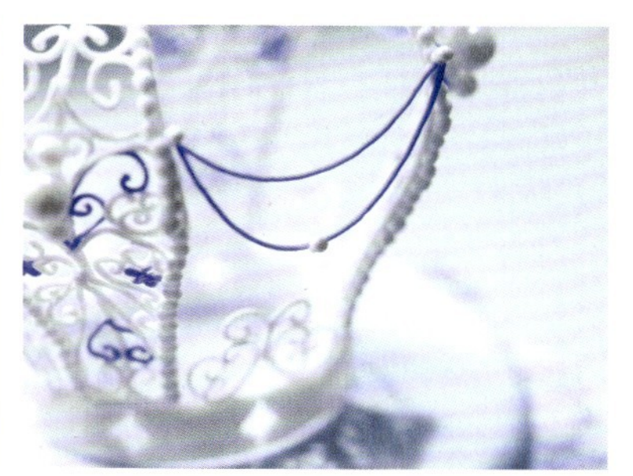

66 将皇冠空白处用蓝紫色糖霜吊两根弧线，一长一短，下方弧线中间也粘一颗小糖珠。

**67** 再将步骤 21 做好的大号五瓣花粘在如图的空白部位。

**68** 在如图的位置粘小糖珠，注意间隔尽量均匀。在小糖珠中间粘上步骤 11 做好的糖霜配件，用手轻轻拨正角度使之垂直。

**69** 在底座上挤一些五瓣花，中间挤上蓝紫色圆点花心。在花朵旁边挤上藤蔓和小叶子。整款糖霜吊线蛋糕就完成了。

## 拓展知识

糖霜吊线作品示例。

## 质量标准

线条精细，外观精致，造型优美。

## 任务评价

填写糖霜吊线制作评价表。

糖霜吊线制作评价表

| 班级 | | 姓名 | | 日期：　　年　　月　　日 |
|---|---|---|---|---|
| 序号 | 评价指标（每项 20 分） | 自评 | 组评 | 师评 |
| 1 | 工具、材料准备情况 | | | |
| 2 | 糖霜制作是否符合要求 | | | |
| 3 | 挤裱糖霜的先后顺序是否准确 | | | |
| 4 | 拉线时用力是否均匀 | | | |
| 5 | 吊线变干硬的速度计算是否准确 | | | |
| 备注 | 总分100分，80分为优秀，70分为良好，60分为合格，60分以下为不合格，<br>总分=自评（30%）+组评（30%）+师评（40%） | | | |

## 任务检测

1. 制作糖霜吊线有哪些注意事项？
2. 设计并制作一款糖霜吊线蛋糕。

# 任务三　制作糖霜饼干

## 任务导入

糖霜饼干，顾名思义，是糖霜附着在饼干上，制作出各种造型。糖霜饼干也是翻糖蛋糕常见的装饰元素，其颜色和造型可以千变万化，观赏性很强，而且能够保存很久。

制作时可以发挥无限的想象力，做出适合不同场合和主题的饼干，如卡通、花鸟、山水、人偶、动物等。

制作糖霜饼干，对构图和色彩的把握很重要，必须在下手之前，画好想要的图案的框架和色彩，制作时需极大的耐心。

## 任务目标

1. 了解糖霜饼干的概念。
2. 掌握糖霜饼干的制作方法。
3. 培养学生的审美意识，培养学生开拓创新的能力和精益求精的工作态度。

### 一、糖霜饼干的概念

甜品台
展示视频

用糖霜在饼干上裱挤出各种图案，晾干后即成糖霜饼干。糖霜饼干应用得较多，普通的饼干，加上糖霜可以制作出精美的效果，还可以当作蛋糕插件，适合作为宴会的甜品台。

甜品台

## 二、糖霜饼干制作常用工具

①色粉 ②色素 ③剪刀 ④裱花嘴 ⑤美工刀⑥毛笔（主要用于绘画、勾线）⑦糖霜针（主要用于将糖霜表面的气泡挑破，使糖霜表面光滑）⑧色素笔（色素笔是一种可以用在食品中的笔。用于糖霜饼干转印图片及勾线绘图）⑨硅胶刮刀（主要用于饼干表面刮平）⑩裱花袋 ⑪硫酸纸（又称制版硫酸转印纸，主要用于糖霜饼干中转印图片，具有纸质纯净、强度高、透明度好、不变形、耐晒、耐高温、抗老化等特点）

## 三、饼干制作步骤

**材料：**黄油 120 克，糖粉 90 克，玉米糖浆 90 克，盐 3 克，蛋液 60 克，低筋面粉 400 克

**做法：**

①黄油置于室温中软化，加糖粉、玉米糖浆和盐混匀，不用打发至变白，打均匀即可。

②加入蛋液，用打蛋器打匀至基本看不到蛋液。

③加入低筋面粉，可以不用过筛，用手抓成颗粒后慢慢揉成团。

④揉到看不到面粉，成为光滑的面团。

⑤取一块面团按扁，夹在两层油纸中间擀至厚度为 0.5~1 厘米，放入冰箱冷冻变硬。

⑥冻硬之后取出，用模具切出想要的形状。

⑦放置于烤箱中，以 170℃烤制 15 分钟左右至饼干金黄即可。

* 这是基础配方，可在此基础上加入不同口味的食材或天然香精，如各种果蔬料、调味剂等。

## 四、饼干底造型的制作

糖霜饼干的造型包含饼干底造型和糖霜造型两个部分，这里先介绍饼干底造型的制作方法。

饼干底一般通过模具制作成想要的形状，然后直接烘烤即可。但如果是自己独创形状的饼干，没有现成模具可用，应该如何快速制作出想要的饼干底呢？方法有两种。

### 1. 沿图案边缘切割饼干底

首先，将自己想要的图案在计算机上调整好大小后打印出来，沿着图案边缘剪出图案，图案边缘可留 1 厘米的白边，以防切的时候切多了饼干底，导致饼干底大小不够。

其次，将饼干底擀至 5 毫米厚度，放入冰箱冻硬后取出，将剪好的图案放在饼干底上，用美工刀沿着边缘刻出来，最后放入烤箱烤即可。

### 2. 将图片转印到饼干底上

用硫酸纸将想要的图案轮廓用色素笔或可食用铅笔描绘出来，用色素笔描好后可直接转印到饼干上。如果用可食用铅笔，则将硫酸纸翻到反面，用可食用铅笔将刚刚描的图案再描一遍，最后将硫酸纸翻回正面，放在烤好的饼干底上，用手按压住不要动，用可食用铅笔再描一遍，图案就转印上去了。

## 五、糖霜饼干填充技巧

要想做出颜色分明不糊边、表面平整不崎岖的糖霜饼干，必须做到以下几点。

1）饼干底不可过薄，以五六毫米的厚度最合适。

2）调制好的糖霜不用时，要用保鲜膜盖住，上面再放湿毛巾。

3）绘制轮廓的糖霜应稠一点，用于填充的要稀一些。如果填充的糖霜不能自流平，则说明过于浓稠，要稀释后再用。

4）先把四周的轮廓绘制出，再绘制中间的轮廓，最后再分次填充。

5）每次填充之前，都要等上一个步骤的糖霜已经变干凝固，免得互相混色，边缘不清。填充的时候要确保周围别的颜色的糖霜已经凝固，这样效果更好。如果是同一种颜色，那么上一个步骤的糖霜晾至半干即可填充下一块。

6）填充时，可以用抹刀来辅助加快填充的区域，可以提高铺面和干燥的速度，也能让糖霜分布得更均匀。

糖霜饼干填充视频

7）如果有小气泡可以用排气针扎破，表面就会平整。

具体填充步骤如下。

①～②用力将用于吊线的糖霜挤出并沿着整个饼干的形状转一圈，注意吊线时就要把饼干的尖角形状表达出来。

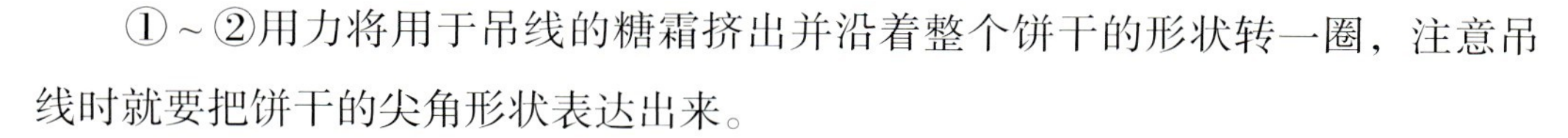

③将用于填充的较稀的糖霜填充其中。

④糖霜针左右或上下摇晃，通过振动将糖霜表面抚平。

⑤完成。

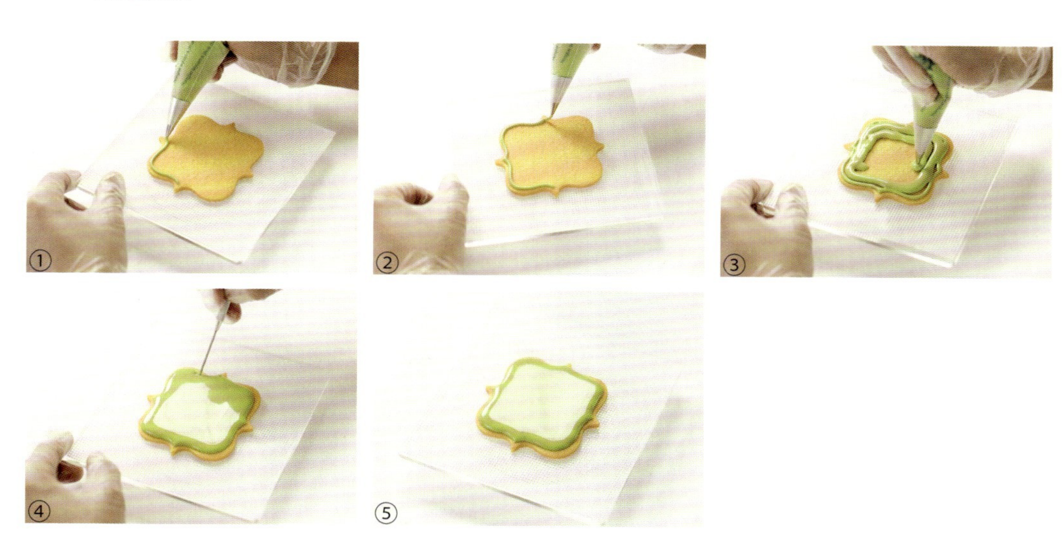

## 六、糖霜饼干的保存

1）糖霜饼干从制作的时候就要考虑好保存的问题，如饼干底一定要烤得相对老一些，至少烤成金黄色，这样一方面不会受潮，另一方面也可以抵御糖霜水分的渗透。

2）糖霜饼干制作完成后要晾至彻底干透，然后用密封袋装好，存放在阴凉干燥处保存（密封袋中放入食品干燥剂和脱氧剂可延长保存时间）。

3）保存期限。未烘烤的饼干坯密封可冷藏保存 5 天；烘烤过的饼干密封可常温保存 7 天。

## 七、糖霜饼干制作注意事项

1）黄油千万不要打发过度，否则空气混入太多，饼干会变酥，不够硬，烤完还会变形膨胀。

2）面粉跟黄油糖糊混合成团即可，不要搅拌太过，否则揉出筋的话，饼干会回缩变形。

3）用剩的面团，可以再次使用，没有新面团平整光滑，但也可以使用。

4）饼干烘烤前，表面扎些洞，有利于空气散出。

5）饼干烤完不要急着从托盘上拿起来，等凉了再拿，因为刚出炉的饼干不够硬，立即拿取容易变形。

6）用糖霜绘画，糖霜不溶解的方法有二：一是填充的糖霜要干透再绘画；二是画的时候色素加水不要太多，糖霜有怕水的特质，水一多糖霜就会溶解。

7）糖霜饼干组装注意事项：用尖峰状糖霜粘好各零件，粘好以后，等到糖霜干了才能移动。

## 任务检测

1. 糖霜饼干的填充有哪些技巧？

2. 糖霜饼干制作注意事项有哪些？

3. 如何保存糖霜饼干？

## 子任务一
# 旅途

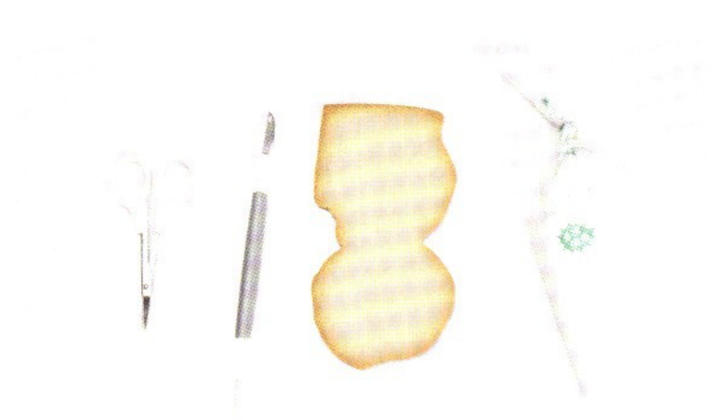

**人物**

1 白色糖霜裱花袋剪一个小口，沿着饼干边缘吊线。

2 沿着边缘框从上往下挤填充状态的糖霜。

3 填充好，用糖霜针将气泡戳破，使饼干表面光滑平整。

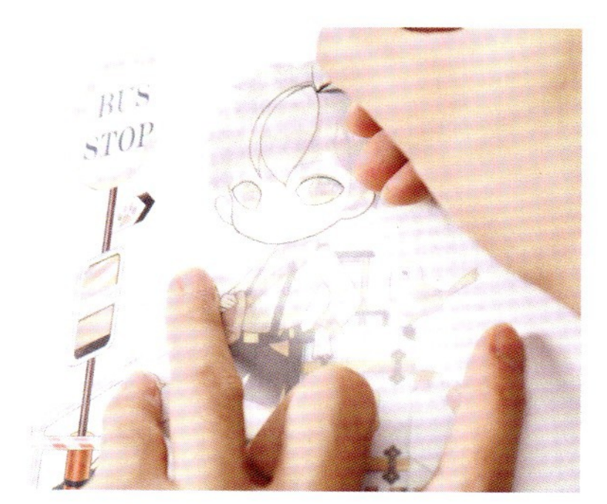

4 将硫酸纸放在打印的图片上，用色素笔将图案的大致轮廓描绘出来。

5 描完后的样子。

6 图案转印在饼干上。

7 先填充右眼，糖霜挤在眼眶内。

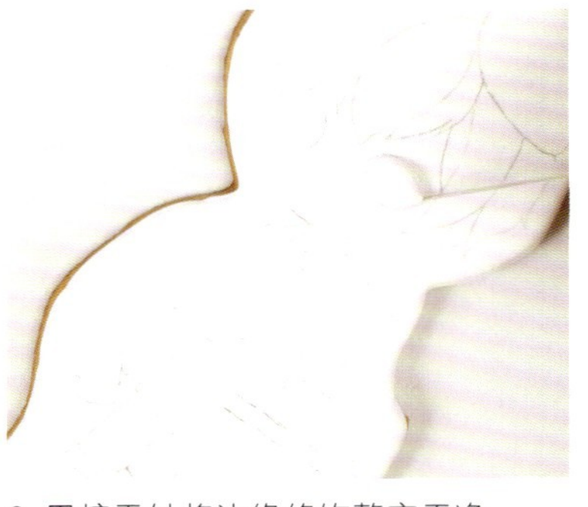

8 用糖霜针将边缘修饰整齐干净。

9 填充脸部。用糖霜针修饰干净整洁。

10 肤色糖霜填充左腿。

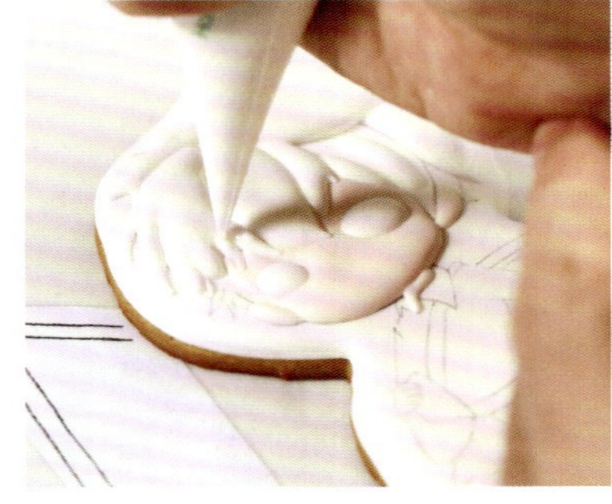

11 填充头发。

12 填充背包的上半部分。

13 填充箱子把手。

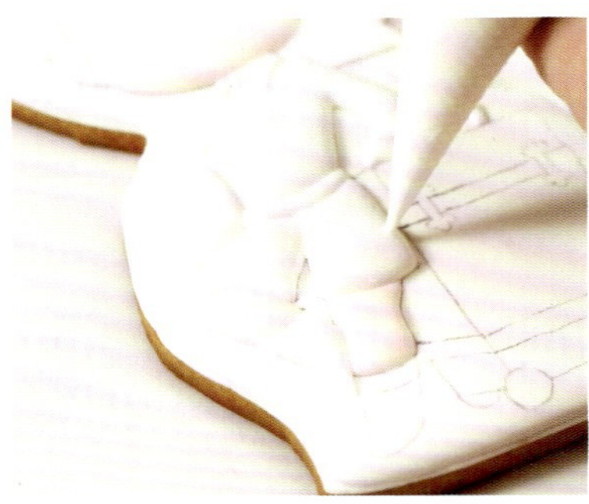

14 填充短裤。

15 填充箱子。

16 脸部刷腮红。

17 腿部也刷上和脸部同样的腮红。

18 画出眼珠轮廓。

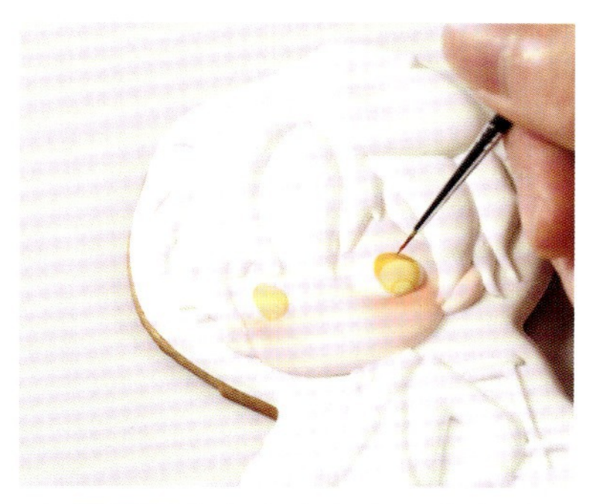

19 再用深黄色色素在左眼上方涂一个月牙形。

20 画上眼睫毛和瞳孔及反光部分。

21 画出下眼线，两只眼睛都画好。

22 再画出下眼睫毛，以及鼻子、嘴巴、眉毛。

23 用咖啡色色膏加水把颜色调淡一些，给头发上色。

24 用咖啡色色膏画上头发丝。

25 给帽子上色，底部颜色加深。

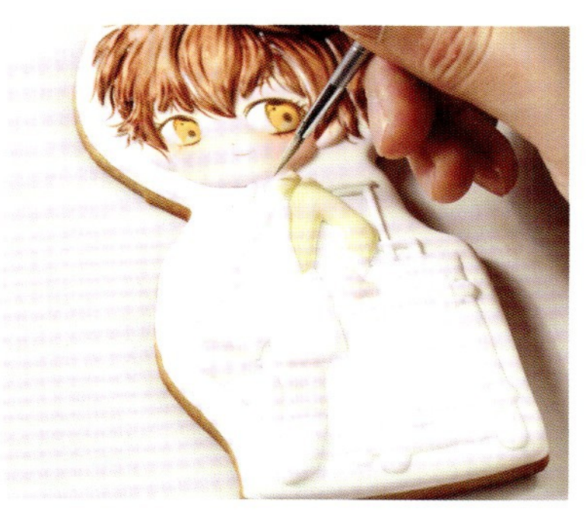

26 用淡黄色色膏给衣服上色。

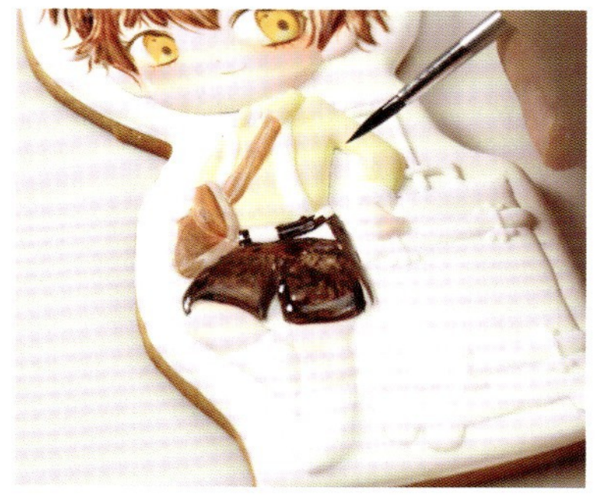

27 裤子上色时注意将口袋的位置留出来。然后再将背包、腰带也上色，空出腰带格子的位置。

28 箱子上色。背带上色。裤子口袋和腰带空出的部分上色。

29 行李箱继续上色。

30 画出鞋袜。

31 用咖啡色色膏将拉杆箱的轮廓线画出来。

32 手指也用咖啡色色膏将边缘线描出。

33 眼睛点上高光。

34 再将行李箱扣子挤上白色圆点。人物就完成了。

### 公交站牌

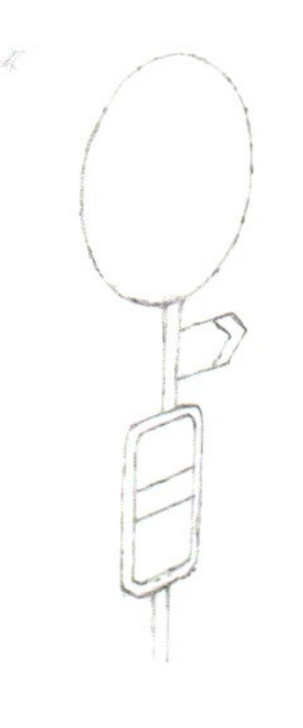

1 图案转印在饼干上。

2 先填充这个圆。

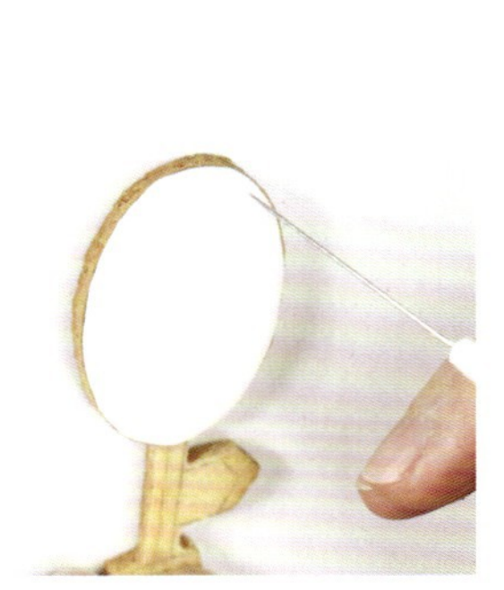

3 用糖霜针修饰干净整洁，使表面光滑平整。

4 填充其他部分，用糖霜针修饰干净整洁。

5 圆的周边涂满淡黄色。

6 画出阴影。

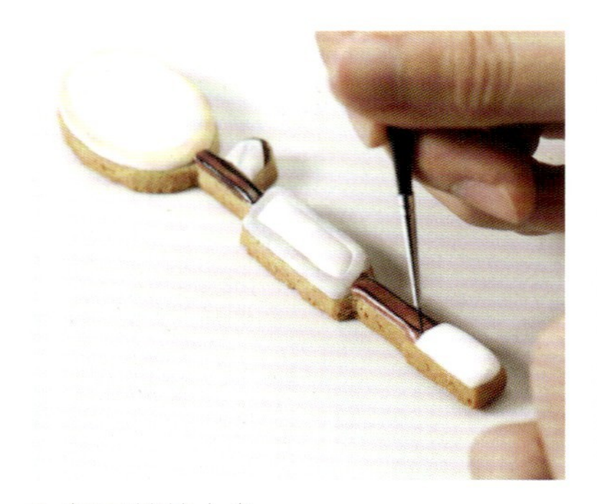

7 如图继续上色。

8 上下颜色涂满，中间留白。

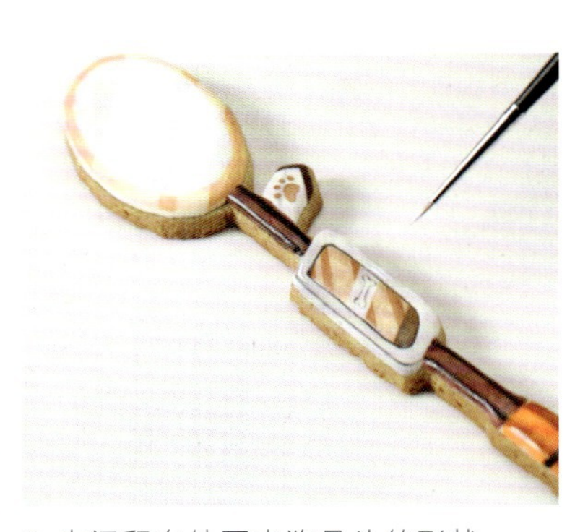

9 中间留白处画出狗骨头的形状。

10 将英文转印上去。

11 将转印上去的英文字母描出来。

12 制作好的路标。

## 栏杆

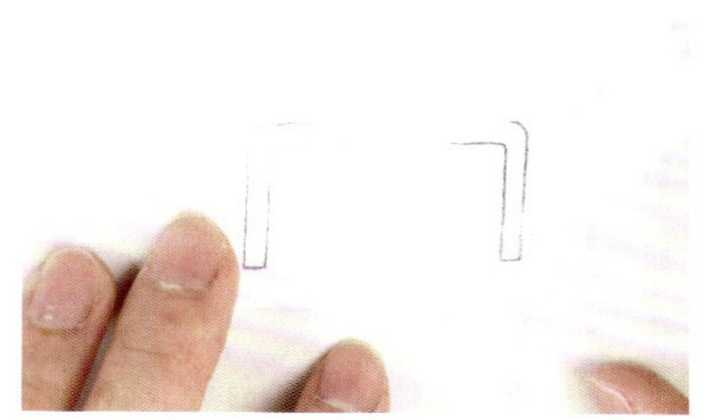

1 将栏杆的图纸粘在桌面上，上面放一层玻璃纸。

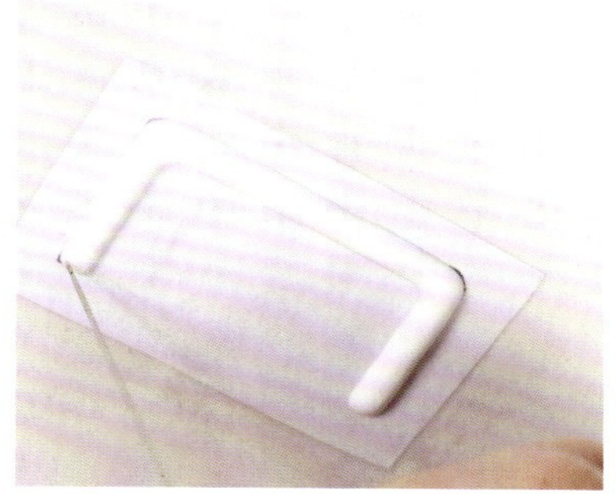

2 挤上糖霜，用糖霜针修饰干净整洁，使表面光滑平整。

3 一共做两根栏杆。

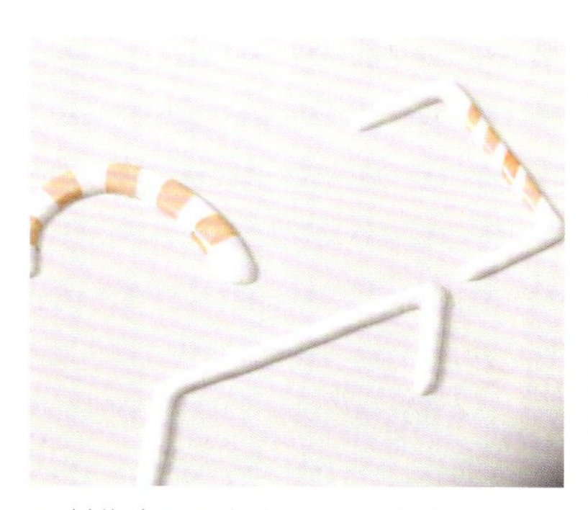

4 制作出弧形栏杆。开始上色。

5 另一个栏杆用灰色色膏画出线条。

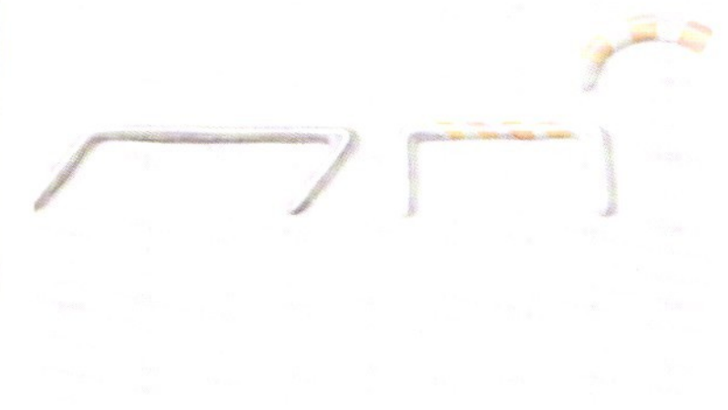

6 上好色的样子。

7 玻璃纸放在栅栏图纸上，白色糖霜填充栅栏。

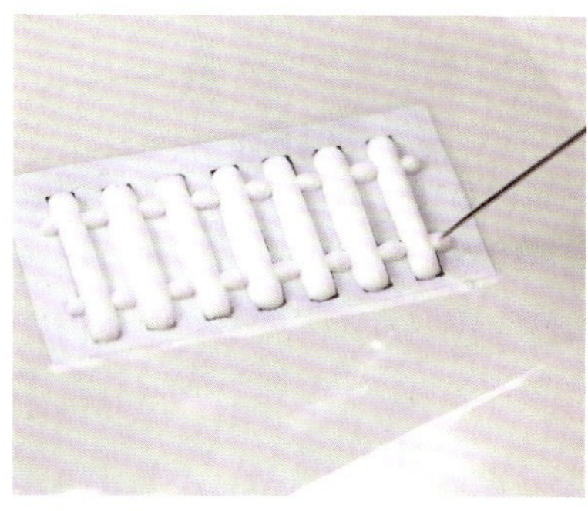

8 用糖霜针修饰干净整洁，使表面光滑平整。

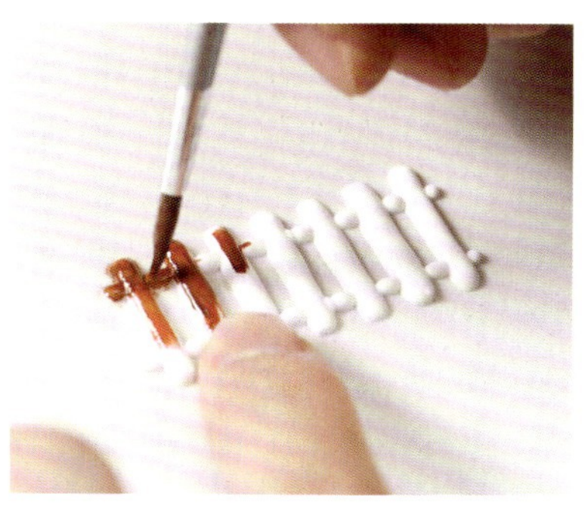

9 栅栏涂上咖啡色。

## 小鸟

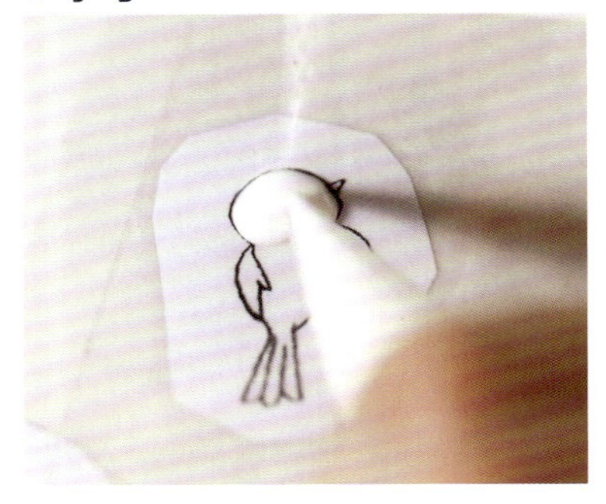

1 玻璃纸放在小鸟图案上，用糖霜挤出小鸟的头部。

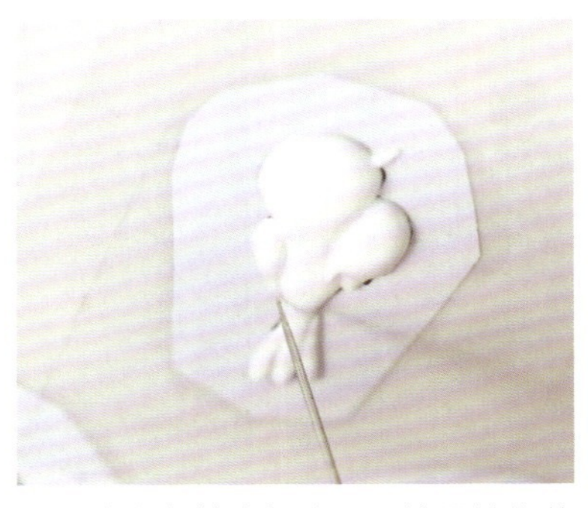

2 再挤小鸟其余部分，用糖霜针修整光滑。

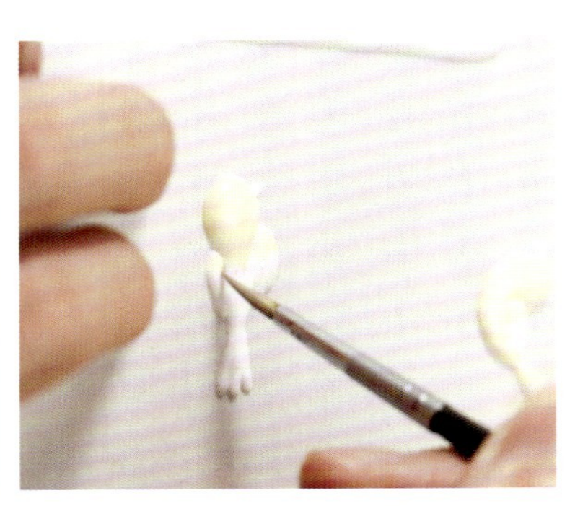

3 小鸟身体涂上淡黄色色膏。

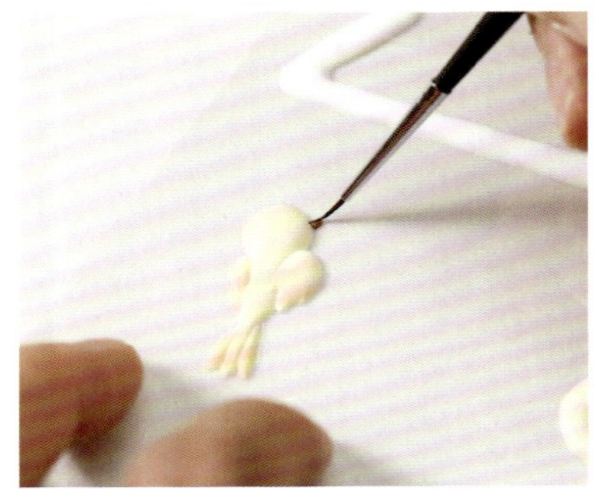

4 小鸟嘴巴涂上咖啡色色膏。

5 同法制作出 3 只小鸟。

6 3 只鸟上完色的样子。

## 组装

1 准备全部配件。另外准备三角形饼干当底座。

2 栏杆底部挤上糖霜并安装。

3 饼干底右边挤上糖霜。

4 将如图配件粘好。

5 安装其他配件。

6 饼干底挤上灰色糖霜。

7 用糖霜针修饰干净整洁。

8 栏杆根部画咖啡色。

9 整个作品就完成了。

## 子任务二
# 半日闲

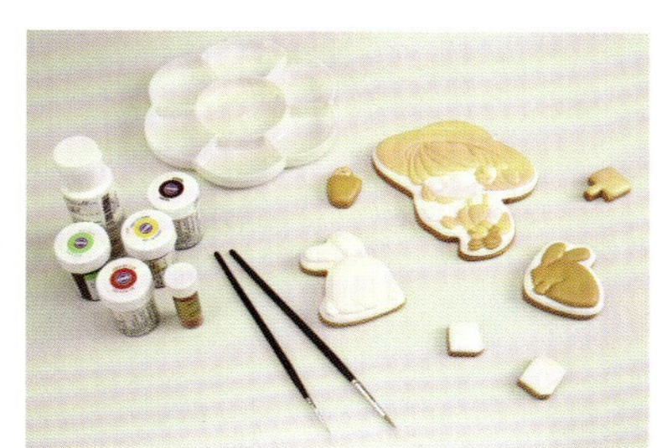

**人物**

1 将硫酸纸放在打印好的小女孩图案上，用手按住。

2 用色素笔（或可食用铅笔）将小女孩的大致轮廓描出来。

3 将描好的图纸放在饼干上，用手固定住不让它来回移动，按压使图案转印到饼干上（如用可食用铅笔则再描一次正面，把图案转印到饼干上）。

4 两只兔子也转印到饼干上。

5 糖霜加入肤色色素搅拌均匀。

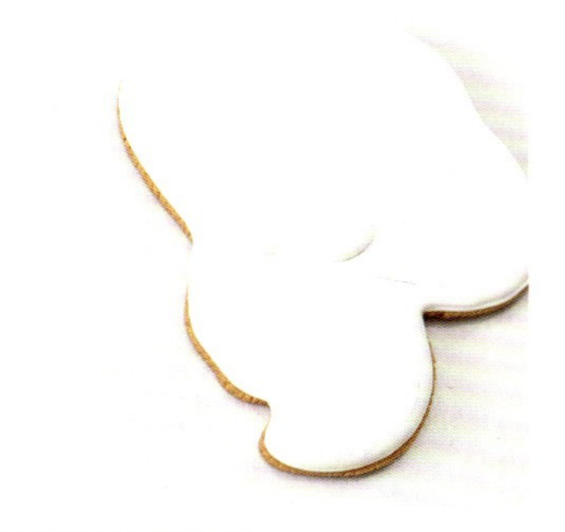

6 先用糖霜填充眼睛。

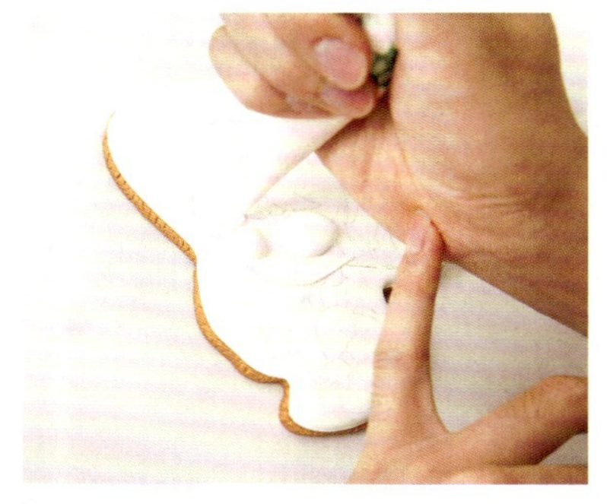

7 描出脸部上半部分的轮廓，挤糖霜。

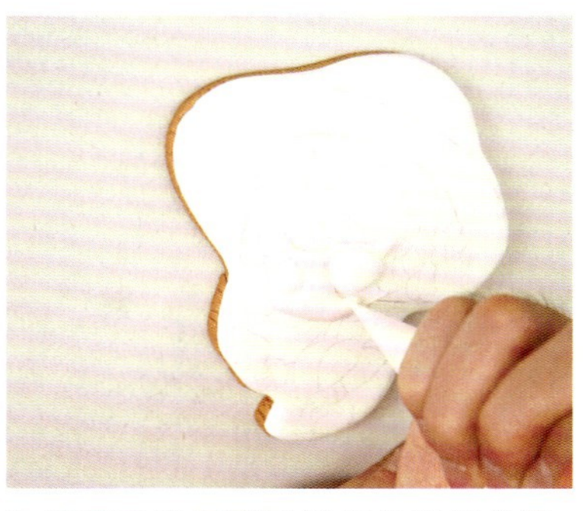

8 将糖霜挤至刚刚描好的轮廓线里，脸部全部填充完成。

9 用糖霜针把脸部边缘修饰一下，使边缘光滑，脸部平整。

10 填充部分头发和鬓角。

11 用糖霜针修至光滑平整无气泡。

12 填完如图所示部分后用糖霜针将糖霜搅匀，至表面光滑无气泡。

13 继续填充。

14 全部填充完，用糖霜针修饰铲子边缘。

15 用毛笔绘制上色。先刷上腮红。柠檬黄色素沾一点水，画出眼睛外轮廓。

16 用咖啡色色素画出眼线，注意眼线是内眼角细外眼角粗。

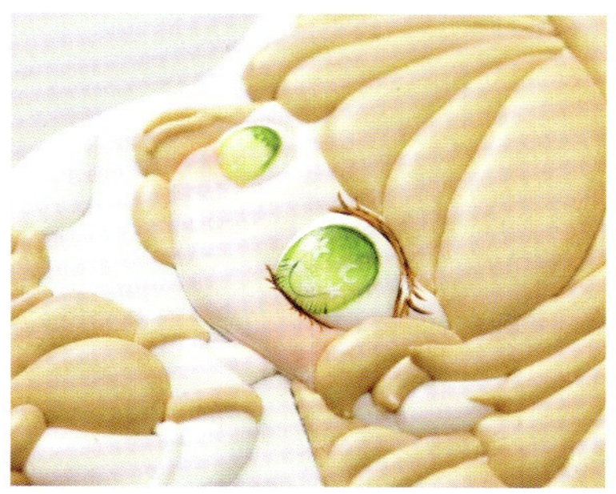

17 再画出下眼睫毛。

18 用白色糖霜挤出眼睛中间的高光。

19 用毛笔将高光点光滑。

20 接着把嘴巴的轮廓画出来。

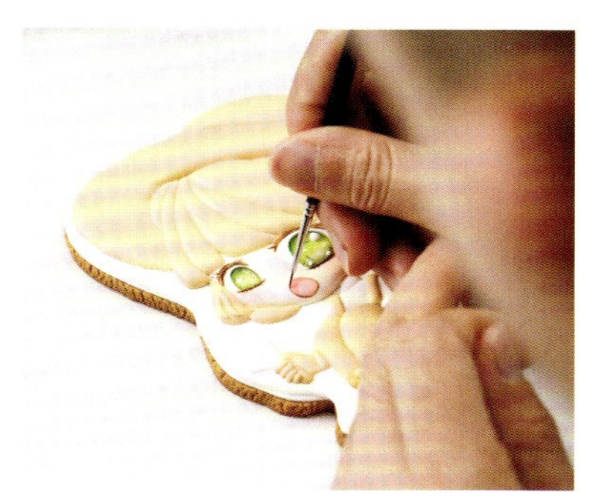

21 嘴巴上色，并把嘴巴的一圈都描上边。

22 用咖啡色色素给头发上色。

23 鬓角的颜色加深一些。

24 用浅咖色色素画帽檐，先画帽子中间部位。

25 帽檐的尾部用水过渡自然。

26 再画头发的高光，画细线即可，有长有短让头发更自然。

27 给手臂刷上腮红。

28 用淡绿色色素给袖子刷色。

29 眼睫毛用深咖色色素加深。

30 画出裤子的口袋和裤子花纹。

31 用深咖色色素给鞋子涂上颜色。

32 用深绿色色素给手套刷上颜色。

33 再用深咖色色素给铲子的柄刷上颜色。

34 用灰色色素给小铲子填上颜色。

35 挤3个糖霜小点在耳朵旁边，当作耳环。

36 用糖霜挤出头发上的小花朵，花朵是6片水滴形小花瓣。挤出背带上的两朵小花。

37 给耳环、背带上的小花刷上橙色色素。

38 头发上花朵的花心刷上绿色色素，整个娃娃就制作完成了。

### 白兔

1 用白色糖霜将兔子耳朵、兔腿先挤细线轮廓。然后填充兔子的右耳。

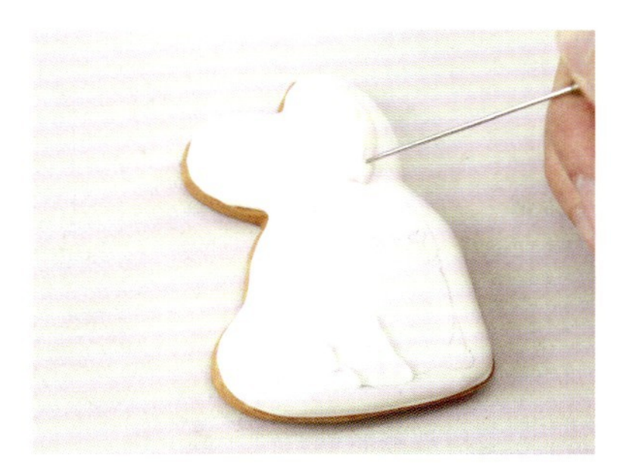

2 糖霜针将填充的右耳搅均匀至光滑。

3 兔子填充完成。

4 用黄色色素加少量黑色色素开始给兔子涂上阴影色。兔子耳朵周围、身体周围和兔腿周围都刷上。

5 用淡粉色糖霜挤出兔子的小鼻子。

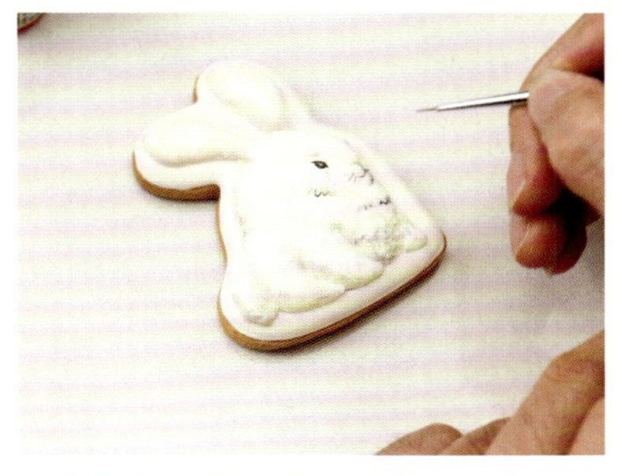

6 用黑色色素线条加深身体上面的毛发，并绘出眼睛、胡须等。

7 用黑色色素画出兔腿的毛发。

8 将腿部边缘用少量黑色色素描出来，再画一些黑的绒毛加深之前的颜色，兔子耳朵也画上少许毛发。

9 兔子耳朵边缘也用黑色色素描出边缘轮廓。

10 用粉红色色素给鼻子画上颜色，再画出右边的胡须。白兔就完成了。

## ● 黄兔

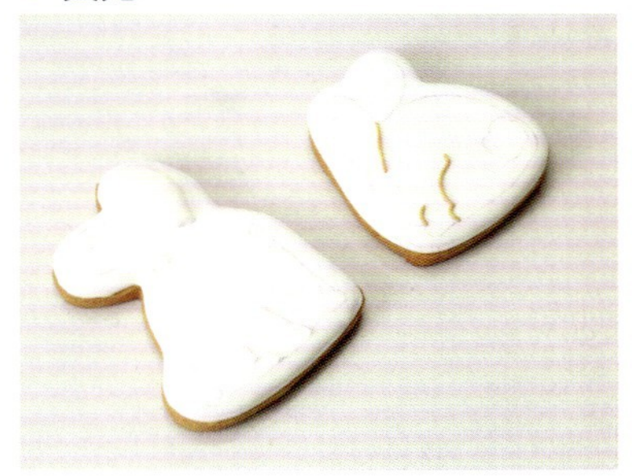

1 用土黄色糖霜将兔腿边缘和耳朵勾出轮廓。

2 糖霜填充兔子的身体和左边耳朵。

3 用糖霜针将表面搅至光滑无气泡。

4 等身体半干后，开始填充右边兔耳。

5 用糖霜针搅至均匀且光滑。

6 用咖啡色色素给兔子的边缘画上阴影色。

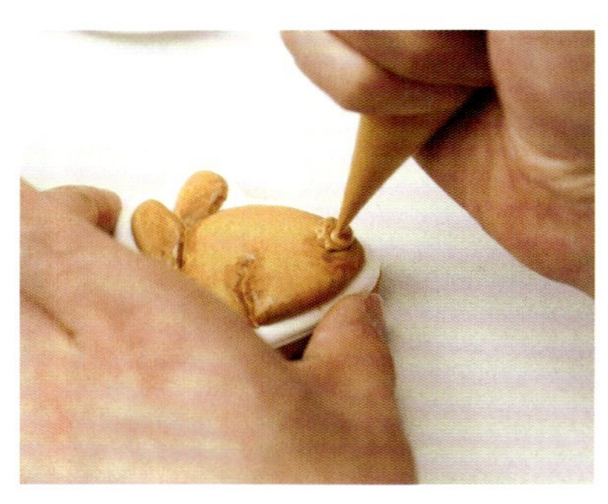

7 挤出毛茸茸的尾巴，挤的时候可以把糖霜调得稠一些，这样不易融合，可以形成毛茸茸的质感。

8 挤完后的样子。

9 用黑色色素画出兔腿和兔耳的边界，再画一些身体上的毛发。这样黄兔就完成了。

**花盆**

1 用土黄色糖霜给花盆勾边。

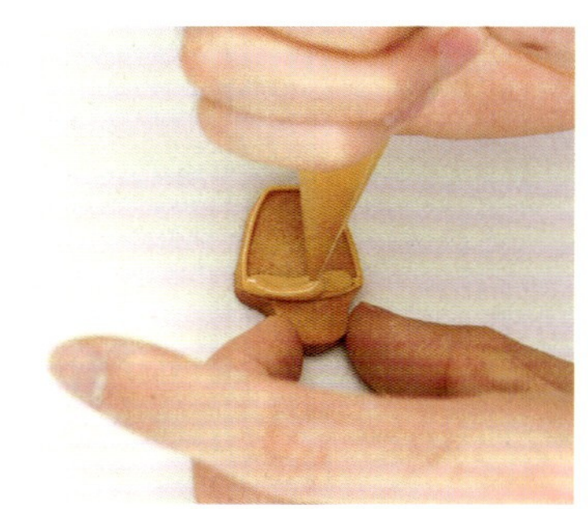

2 中间填满糖霜。

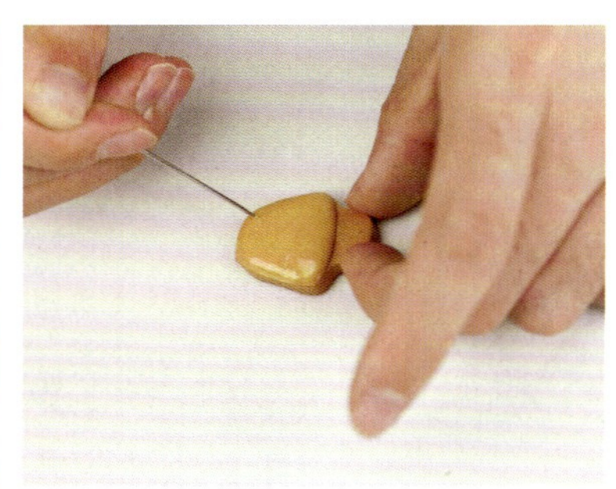

3 用糖霜针搅至均匀且光滑。

4 白色糖霜挤出水滴形状的小叶子。

5 再挤出浅咖色的水滴形花瓣，一共6瓣，等花瓣半干再点上花心。

6 花盆用深咖色色素画上颜色，用黑色色素画出花盆上的纹路，白色色素画出花盆上线条的纹路。

7 给花朵涂上黄色色素。

8 给叶子涂上绿色色素。花盆就完成了。

## 饲料袋

1 给饲料袋袋口填上白色糖霜。

2 用糖霜针修平整干净。

3 继续填充并用糖霜针搅至均匀且光滑平整。

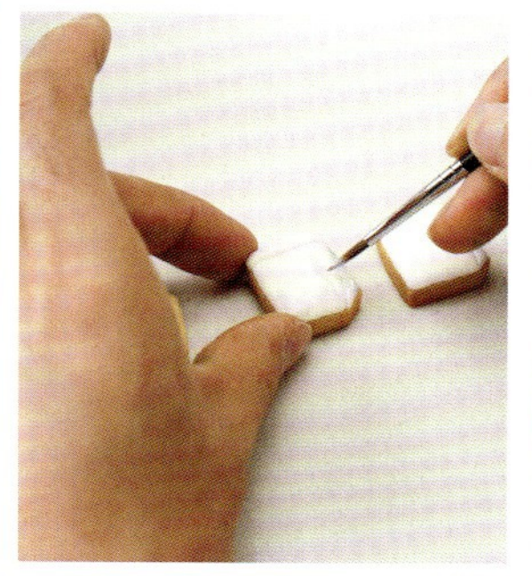

4 用蓝灰色色素给袋子画上阴影。

5 两个袋子画好的样子。

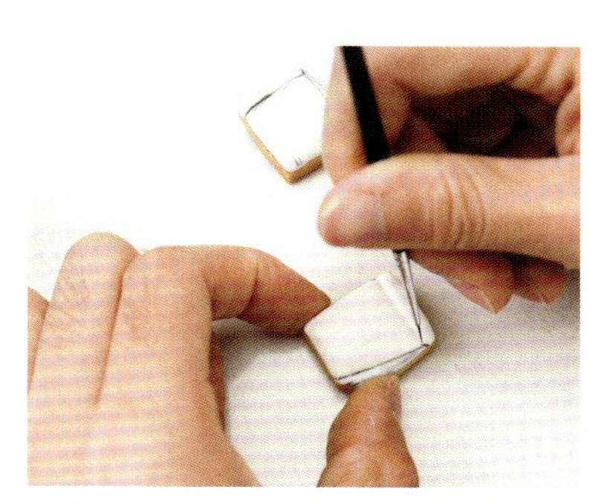

6 黑色色素画出袋子的轮廓线条。

7 用淡绿色色素画出花朵旁边的两片小叶子，两个袋子均画上叶子。

8 再用黑色色素描出叶子的轮廓。

## 插牌

1 用淡黄色糖霜描出插牌的边缘。

2 填充糖霜。

3 插牌的柄也填上糖霜。

4 用糖霜针搅至均匀且干净光滑。

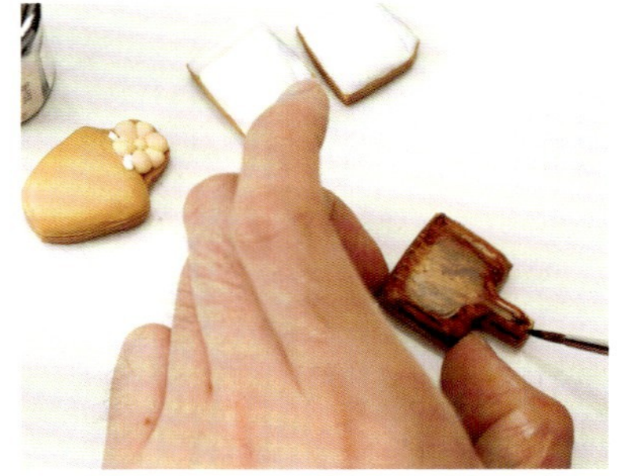

5 插牌全部涂满深咖啡色色素。

6 最后画上如图的图案即可。

## 组装

1 绿色色素加入糖霜中搅拌均匀。

2 加入少许糖霜粉搅拌均匀。

3 糖霜调制完成后，开始组装作品。准备好大号毛笔、画好的糖霜饼干、一块饼干底（当底座）、刚刚调好的绿色糖霜。

4 在娃娃饼干底部挤上厚厚一层绿色糖霜。

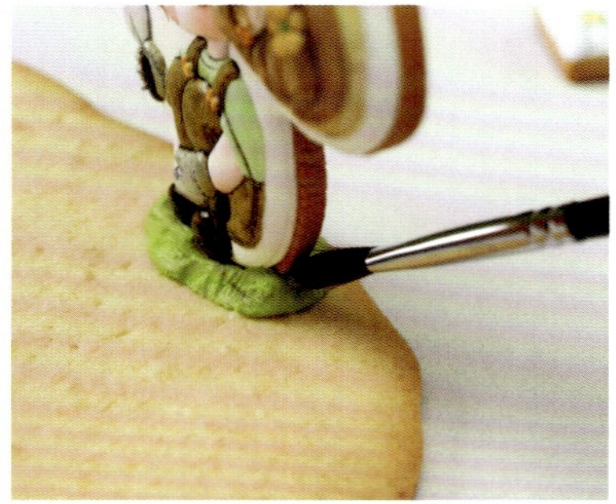

5 娃娃饼干用糖霜粘在饼干底座上，用毛笔将饼干边缘的糖霜刷平一些，与饼干底座连接在一起。

6 同法粘上其他零件，边缘刷平。

7 在饼干底座空余部位挤上大量绿色糖霜。

8 用毛笔将刚刚挤的绿色糖霜刷出草地的形状，刷平整一些。

9 用糖霜针戳出草地的样子即可。这样一款糖霜饼干就完成了。

## 子任务三

# 雪夜

雪夜
制作视频

糖霜饼干作品示例。

## 质量标准

糖霜平整光滑，造型美观大方。

## 任务评价

填写糖霜饼干制作评价表。

糖霜饼干制作评价表

| 班级 | | 姓名 | | 日期：　　年　　月　　日 | |
|---|---|---|---|---|---|
| 序号 | 评价指标（每项 20 分） | | 自评 | 组评 | 师评 |
| 1 | 工具、材料准备情况 | | | | |
| 2 | 糖霜和饼干制作是否符合要求 | | | | |
| 3 | 糖霜是否光滑平整 | | | | |
| 4 | 颜色是否界限分明 | | | | |
| 5 | 糖霜饼干组装造型是否美观 | | | | |
| 备注 | 总分100分，80分为优秀，70分为良好，60分为合格，60分以下为不合格，<br>总分=自评（30%）+组评（30%）+师评（40%） | | | | |

## 任务检测

独立设计并制作一款糖霜饼干。

# 任务四　制作糖霜刺绣

## 任务导入

糖霜刺绣的与众不同之处在于它把中式传统的刺绣技法和西点装饰相结合，创造出独一无二的美妙效果，可以做出花朵、动物等各种造型，栩栩如生，引人入胜。

## 任务目标

1. 了解糖霜刺绣的概念和特点。

2. 掌握糖霜刺绣的制作技法。

3. 培养学生的审美意识，培养学生开拓创新的能力和精益求精的工作态度。

## 相关知识

### 一、糖霜刺绣的概念

糖霜刺绣又叫刷绣，是西点的经典装饰手法，就是把糖霜吊线以特殊的技法，制作出针线刺绣一般的效果，用来装饰西点。

### 二、糖霜刺绣的效果

糖霜刺绣可以应用于翻糖蛋糕或饼干装饰，效果可以媲美真正的针线刺绣。刺绣是我国传统装饰工艺，而把刺绣工艺融合进翻糖，古老的技法和现代工艺的结合，使翻糖蛋糕产生浮雕一般的感觉，显现出传统技法特有的精美效果，使得翻糖蛋糕焕发出不一样的魅力，价值大为提升。雕刻的既视感，清晰的针线效果，甚至和真正的刺绣难辨雌雄。

## 子任务 糖霜蝴蝶

糖霜蝴蝶刺绣视频

## 拓展知识

糖霜刺绣作品示例。

## 任务评价

填写糖霜刺绣制作评价表。

糖霜刺绣制作评价表

| 班级 | | 姓名 | | 日期：　　年　　月　　日 | |
|---|---|---|---|---|---|
| 序号 | 评价指标（每项 20 分） | | 自评 | 组评 | 师评 |
| 1 | 工具、材料准备情况 | | | | |
| 2 | 材料是否准确称量 | | | | |
| 3 | 投料顺序是否正确 | | | | |
| 4 | 糖霜硬度是否合适 | | | | |
| 5 | 线条粗细是否分明 | | | | |
| 6 | 拉线过程是否流畅 | | | | |
| 7 | 层次是否分明 | | | | |
| 8 | 颜色是否和谐 | | | | |
| 9 | 收口是否平滑 | | | | |
| 10 | 成品是否形象大方 | | | | |
| 备注 | 总分100分，80分为优秀，70分为良好，60分为合格，60分以下为不合格，总分=自评（30%）+组评（30%）+师评（40%） | | | | |

制作玫瑰花刺绣图案。

蛋糕包面完成后，就可以进行下一步装饰了，可以进行糖霜吊线，也可以放上做好的糖霜饼干、翻糖花卉等。除了这些之外，还有以下装饰元素。

### 1. 艾素糖

艾素糖放入锅中熬到175℃，用色素调色后倒在不沾垫上塑形，也可以倒在模具中定型，然后表面用火枪去气泡。

艾素糖装饰 1

艾素糖装饰 2

艾素糖装饰 3

### 2. 春卷皮

春卷皮需剪裁出需要的形状，浸泡在纯净水中，加入适量色素调色后浸泡1~2秒，放在不沾垫上塑形，晾干后呈半透明状，可用喷枪喷少许珠光粉

春卷皮装饰 1

春卷皮装饰 2

春卷皮装饰 3

增加质感。

春卷皮也可以打湿后煎或放入油锅中炸，会有不一样的质感，有点像虾片。

### 3. 威化纸

威化纸有不同的厚度，通常做装饰会使用0.3毫米左右的，做花卉可以使用0.22毫米左右的，薄的更加通透。

威化纸装饰 1

威化纸装饰 2

威化纸用伏特加湿润之后塑形，也可以在表面撒一点玉米淀粉，用模具压出花瓣纹路。威化纸喷湿后可以用小火慢煎，做出凹凸不平的质感。

威化纸上色可以用伏特加加色膏或色粉，用毛刷均匀上色即可。威化纸可以刷上溶化的吉利丁液，再铺一层玉米淀粉，可以做出柔软的布的质感。

威化纸边角料泡软搅匀后，可以当作胶水来粘威化纸，还可以用均质机打成糊状（酸奶状）放在平底锅用小火煎，可以做出镂空半透明的质感。

### 4. 糯米纸

糯米纸就是包裹在糖葫芦或糖果外面那层薄薄的纸，可以叠在一起弯出需要的弧度装饰在蛋糕上。

糯米纸
糖花
制作视频

糯米纸打印应用很广，可以用食用色素在糯米纸上打印出各种图案，装饰在蛋糕上。如果要粘在奶油上也可以，只需要在背面刷一层巧克力或贴一块防潮干佩斯。

糯米纸装饰

### 5. 硅胶模具

各种各样的硅胶模具，能快捷制作出各种好看的形状，可以把防潮糖牌干佩斯放入定型，也可以填入不同颜色的干佩斯，等半干之后小心脱模，用色粉或色膏上色。

如果做精巧的配件，可以用柔瓷干佩斯放入定型，等半干之后慢慢脱模。

硅胶模具制作的造型 1

硅胶模具制作的造型 2

硅胶模具制作的造型 3

硅胶模具应用视频

### 6. 永生花

永生花也是蛋糕装饰常用的材料，快捷方便，但是注意它不可食用，放在蛋糕上时要把接触的地方裹上保鲜膜或铝箔纸。

### 7. 免调蕾丝膏

用蕾丝模具和免调蕾丝膏或蕾丝酱料，能快速制作出蕾丝质感的蛋糕装饰配件。

### 8. 挤泥器

挤泥器可以挤出各种粗细的线条装饰蛋糕，注意要使用柔瓷干佩斯这种柔韧性好、不易粘黏的。

挤泥器应用视频

永生花装饰

蕾丝膏装饰

挤泥器装饰

# 项目六 制作卡通类翻糖蛋糕

## 项目导学

卡通类翻糖蛋糕包括卡通动物造型和卡通人偶造型，是小朋友的最爱，这些动漫中才能出现的或可爱或威猛的造型，均可以用翻糖完美复刻，是翻糖蛋糕常用的装饰元素，市面上销售的翻糖蛋糕也以此类装饰为主。

## 项目目标

**知识教学目标**：通过本项目的学习，了解卡通类翻糖蛋糕的制作。

**能力培养目标**：掌握卡通类翻糖蛋糕的制作方法，熟练运用所学知识与技能制作卡通类翻糖蛋糕。

**职业情感目标**：激发学生自主学习、刻苦钻研、追求卓越的奋斗精神，培养学生的审美意识和创新思维能力，培养学生向往实现自我价值和青春梦想的情怀。

## 任务一　认识制作卡通类翻糖蛋糕的常用工具

### 任务导入

卡通动物、卡通人偶翻糖蛋糕主要针对青少年及儿童群体，蛋糕造型为卡通形象，通常以知名的卡通 IP（如迪士尼系列）造型，也有使用其他图案的，如动物、植物。

在翻糖蛋糕中，翻糖花卉、卡通动物、卡通人偶是常见的三大造型。其中卡通动物造型相对简单，颜色明快，尤其受到小朋友的喜爱，能够提升蛋糕的档次。

## 任务目标

1. 了解制作翻糖卡通人偶与动物的常用工具。
2. 掌握翻糖卡通人偶和动物的制作方法和技术要领。
3. 培养学生的审美意识，培养学生的创新思维。

## 相关知识

### 一、制作卡通类翻糖蛋糕的常用工具

工具介绍

常用的工具 9 件套

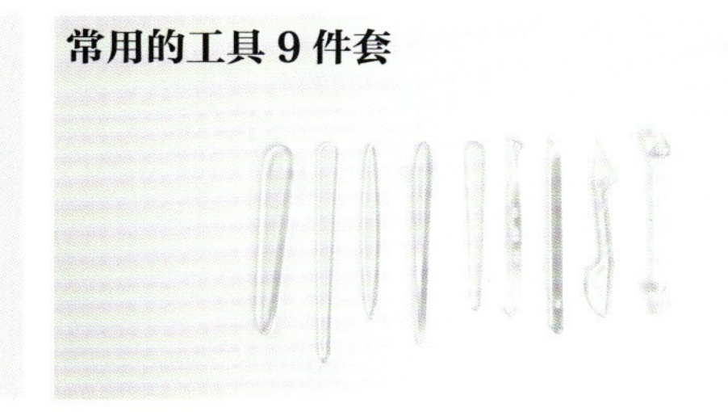

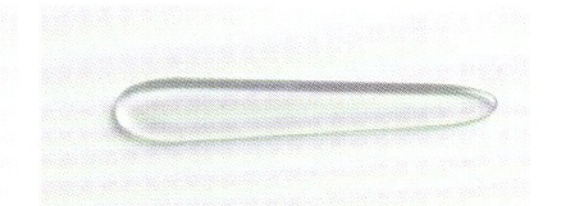

**大号主塑刀**

主要用于五官大体的塑形，以及一些大型的人物制作。正文中称“大号主刀”。

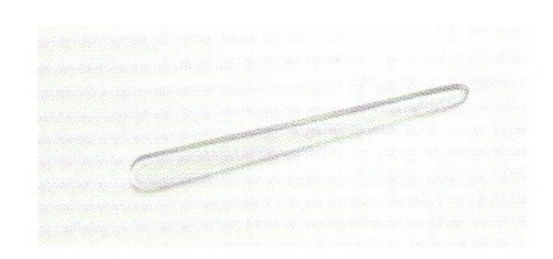

**中号主塑刀**

用于制作眼包、嘴唇等比较小的五官。正文中称“中号主刀”。

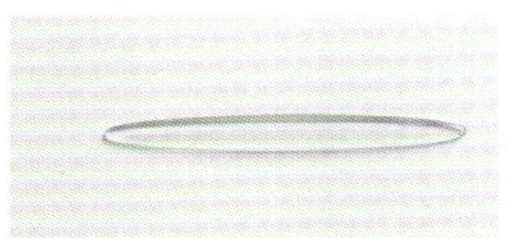

**小号主塑刀**

制作一些很小的人物头像或衣服褶皱等。正文中称“小号主刀”。

**刀型棒**

制作头发纹路、衣服纹路，裁一些衣服料。

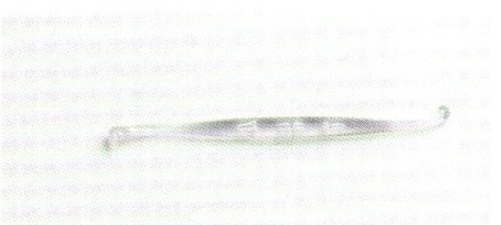

**豆型棒**

制作人物及卡通动物的眼窝，使眼睛更立体有型。

**圆锥形塑形棒**

制作花心，碾花瓣等。

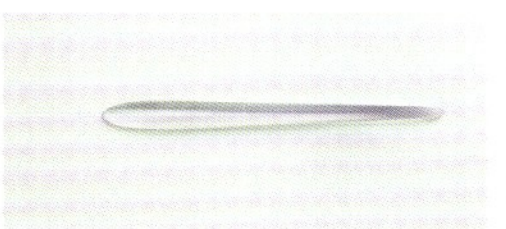

**开眼刀**

制作眼睛、衣服、头发纹理等。

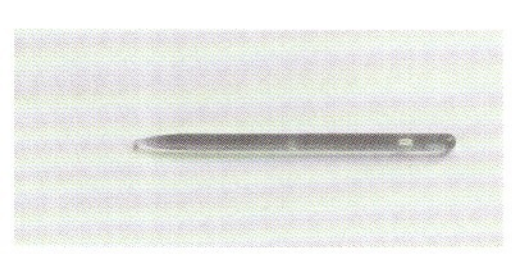

**针型棒**

固定头部，制作衣服褶边等。

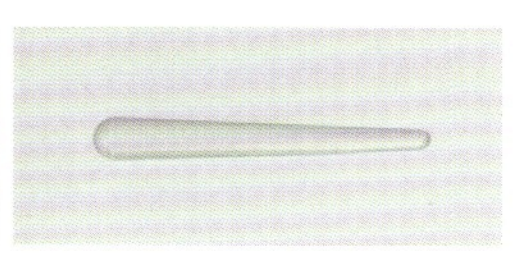

**鳞型棒**

制作头发纹理、贝壳花纹等。

## 其他工具

**纸胶带**

捆绑各类支架、花枝等。

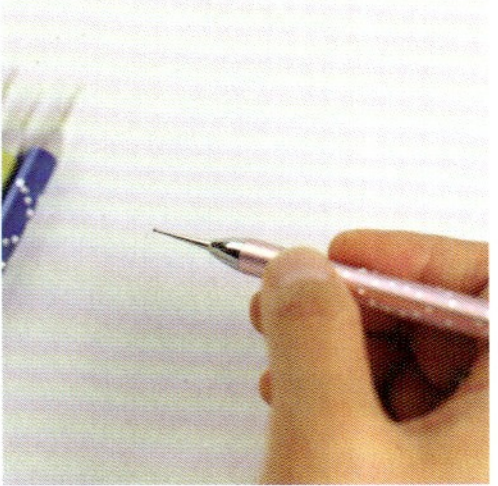

**小球刀**

五官定位、制作圆形纹理等。

**大球刀**

碾薄花瓣边缘、衣服边缘，制作大型的圆形纹理等。

**镊子**

镶嵌宝石、粘饰品等。

**小剪刀**

修剪手指、脚趾、头发、衣服等。

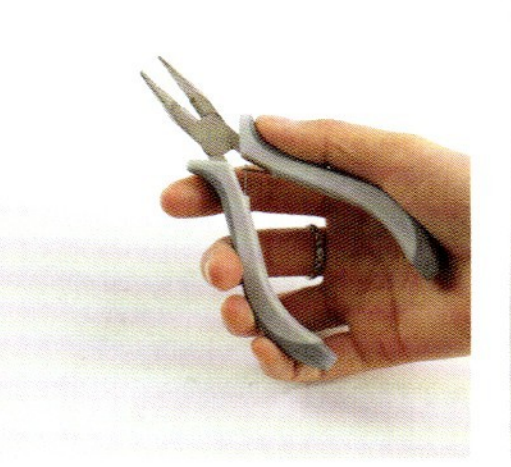

**钳子**

制作人物或动物支架。

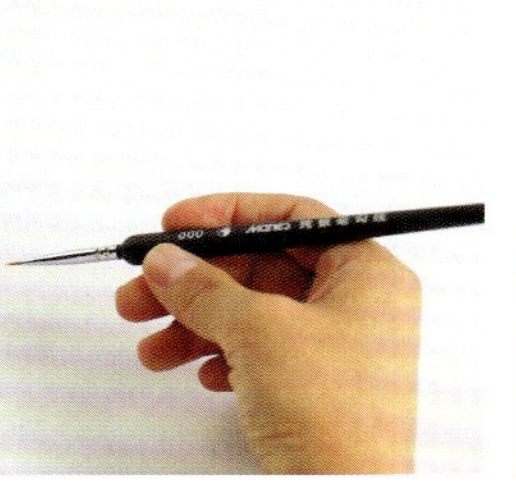

**勾线笔**

常用的是 000 号、00000 号勾线笔（0 越多越细），绘制面部妆容。

**粉刷**

面部及其他部分上色。

**雕刻刀（美工刀）**

裁剪衣服、鞋子等。

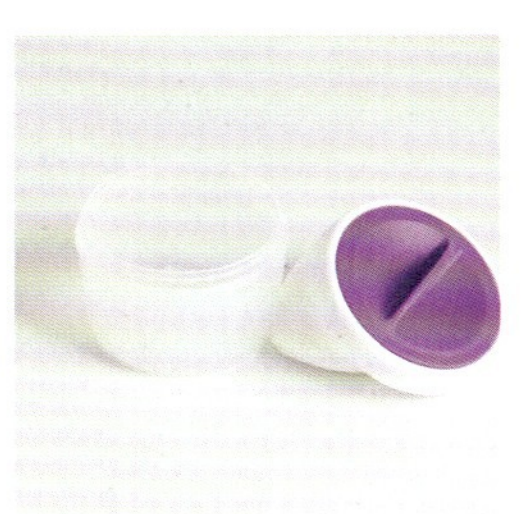

**粉扑**

防粘。

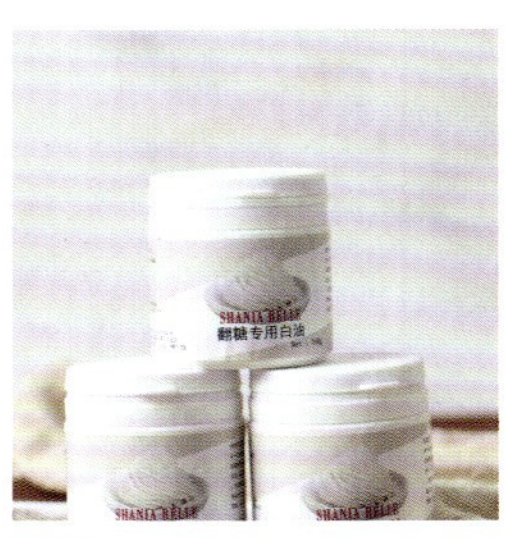

**白油**

在制作过程中用于整体保湿和防粘。

**糖花胶水**

粘配件，可食用，无毒。

**糖花胶水笔**

用于装糖花胶水。

**碾花棒**

用于碾薄花瓣或给花瓣压上纹理。

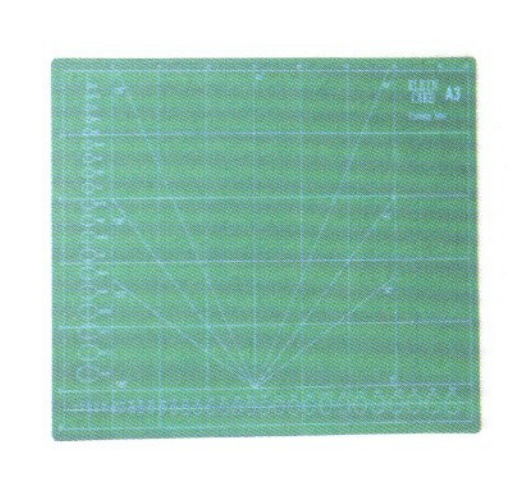

**切割垫**

可以在上面任意切割，保护桌面。

**海绵垫**

碾花瓣或各类花纹、褶皱等。

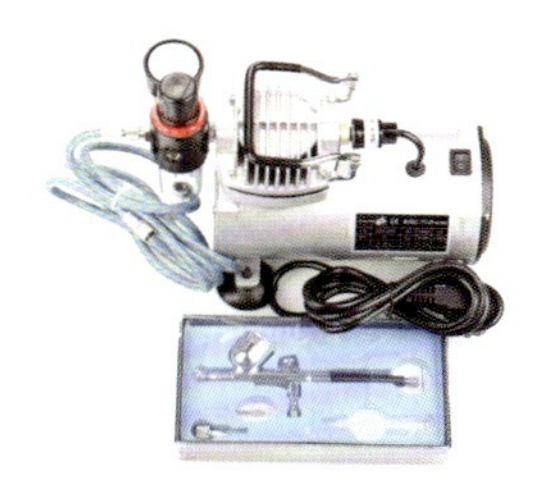

**喷枪**

给蛋糕、动物或人物上色。

**工具箱**

放置各类工具、模具。

**铁丝**

制作身体支架、头发支架、衣服支架等（型号不同粗细也不同，号越大铁丝越细）。

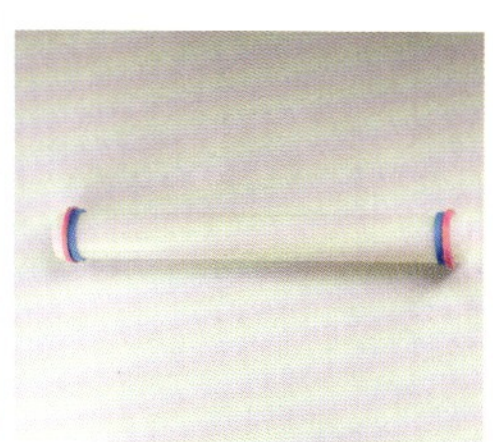

**小擀面棍**

擀薄做衣服或鞋子等的材料。

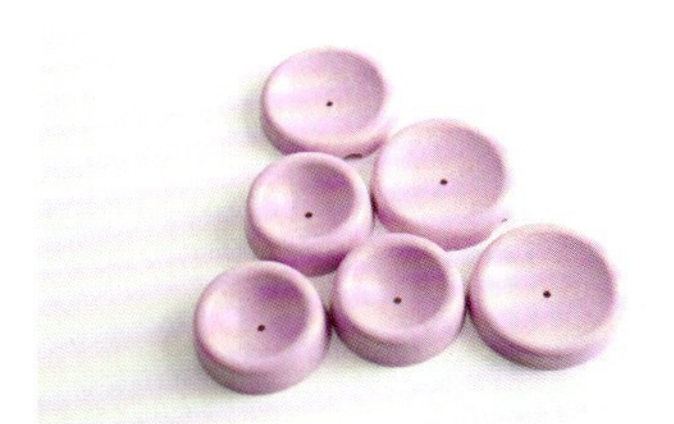

**凹形工具**

放置制作卡通形象的头部，使其不易变形，也可用于辅助花瓣定型等。

**金属开眼刀**

开嘴、开眼，辅助粘贴眼睫毛等。

**塑料开眼刀**

主要用于处理一些需要做出弧度面的地方。

## 二、卡通类翻糖蛋糕制作的技巧

1）卡通动物和卡通人偶中的小孩形象比例相似。卡通动物的眼睛大概在头部一半高度的位置，或是更低一些。卡通动物和卡通小孩额头会比较大，占整个脸部一半，鼻子在眼睛靠下一点正中间的位置，嘴巴一般位于鼻子到下巴的中间位置。

2）卡通动物的头部与身体比例为 1∶2 或 1∶1。从肩部到臀部、臀部到脚底的比例大约为 1∶1。胳膊长度一般和肩臂的距离相等或略短一些，根据不同的卡通造型而略有差异。

### 任务检测

1. 卡通类翻糖蛋糕制作的技巧是什么？

2. 制作卡通类翻糖蛋糕常用的工具有哪些？

# 任务二　制作翻糖卡通动物

卡通动物为人们的日常生活添加了许多有趣活泼的元素，也为各种场景增添悦人的色彩。随着人们生活水平的提高，对文化和生活的需求也会愈加多样化，卡通形象在此时就展现出其充满魅力的特质，在翻糖蛋糕的应用范围进一步扩大。

## 任务目标

1. 会正确使用制作翻糖卡通动物常用的工具。
2. 运用所学知识与技能制作翻糖卡通动物蛋糕。
3. 培养学生对翻糖蛋糕造型的探索精神。

子任务一

## 定格每一个瞬间

1 制作卡通动物和人偶时，一般使用人偶干佩斯。用小球刀在椭圆形人偶干佩斯的 1/2 处压出一个凹槽。

2 用手调整额头部分的形状。

3 塑料开眼刀有弧度的一面朝下，压出眼眶的位置。

4 用大号主刀压出鼻子。

5 用手捏出鼻子的形状（注意鼻头部分尽量尖一点）。

6 用手调整腮部的弧度。腮部两侧要低于鼻子，且要饱满一些。

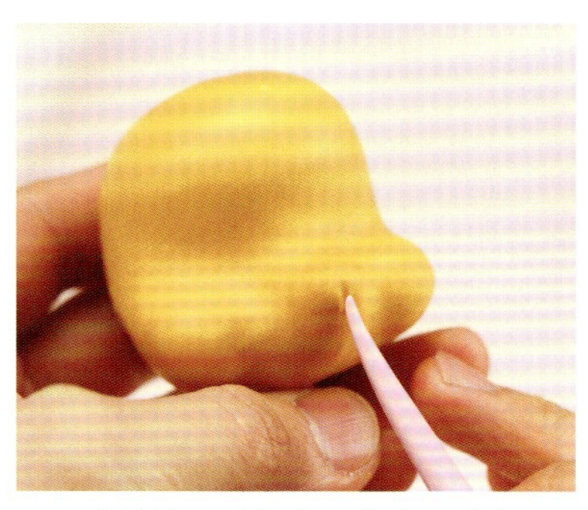

7 碾花棒的尖头部分定出鼻子的位置。

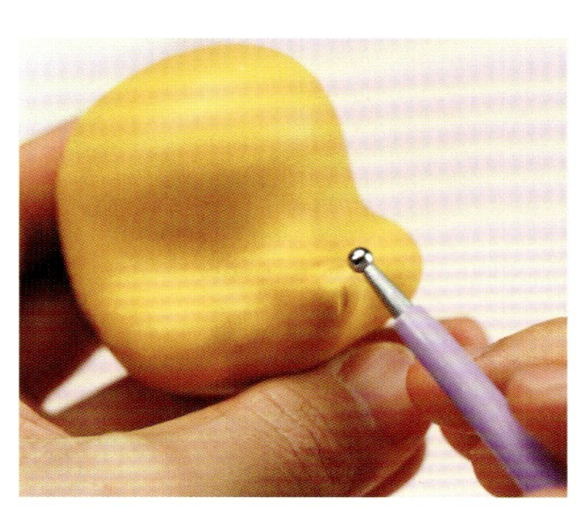

8 用小球刀点出鼻孔部分。

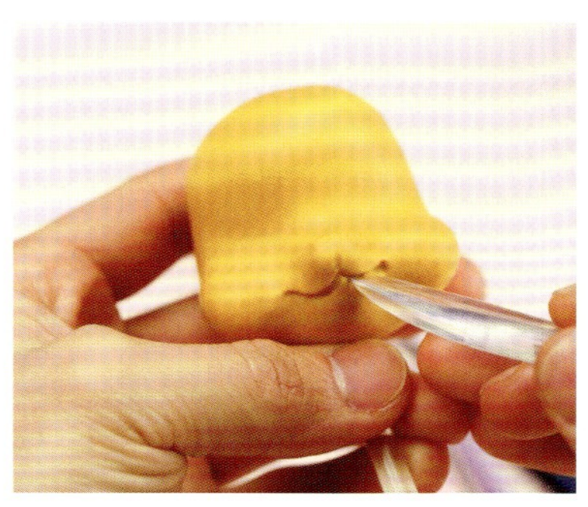

9 压出嘴的形状，用开眼刀加深嘴的深度。

10 碾花棒的弧面朝上，压出嘴巴里面的形状。

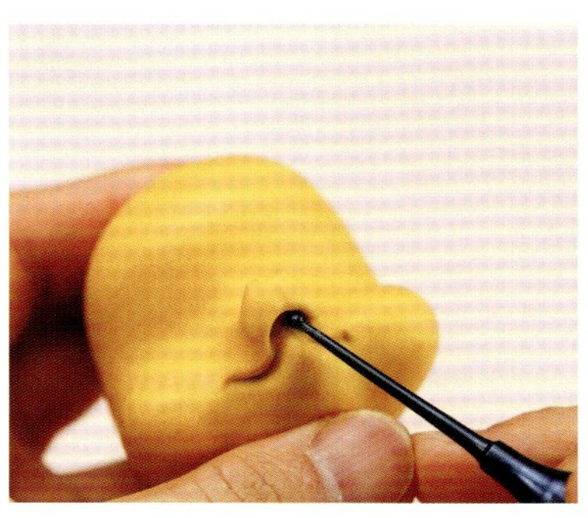

11 用小球刀再次加深嘴巴线条，使嘴部线条更加细腻流畅。

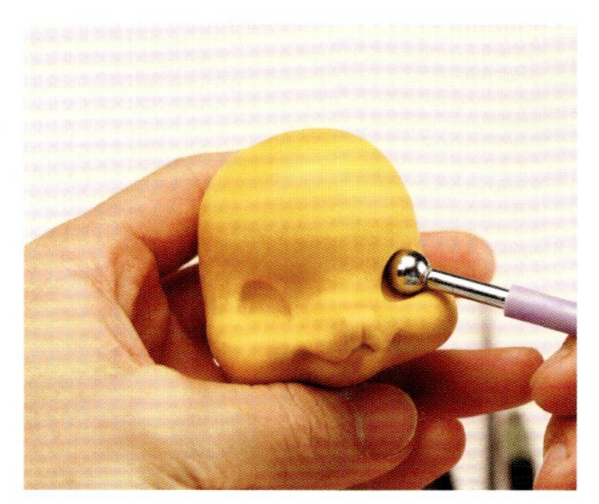

12 用大球刀点压出眼睛的形状。眼部两侧微宽，但靠近鼻子的部分要窄一点，形成一个水滴形。

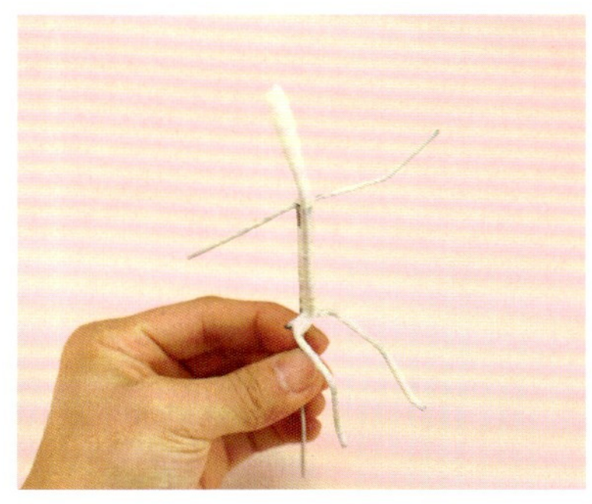

13 用铁丝搭出身体的基本框架。

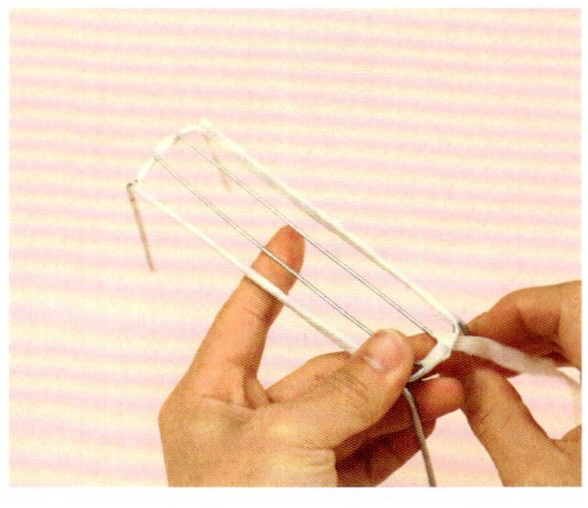

14 用白色纸胶带缠绕整个支架。

15 将头部安装在支架上。

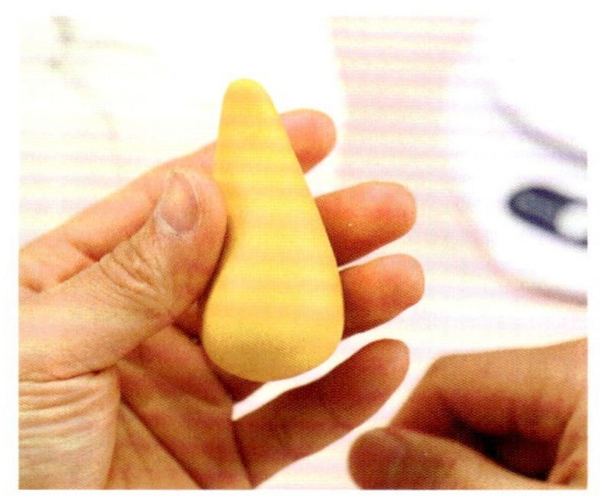

16 搓出身体的形状，注意身体是一个大的水滴形。

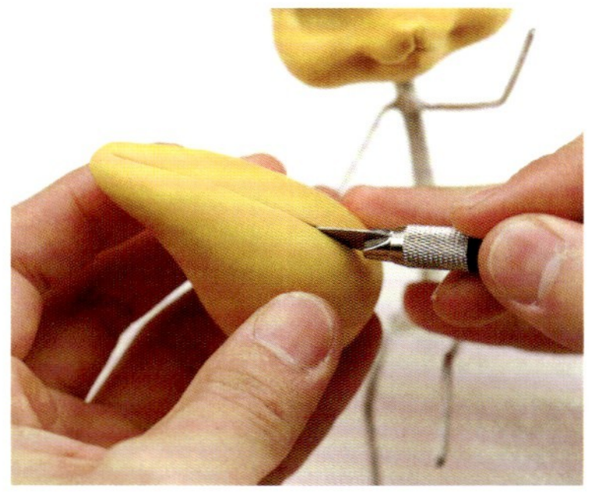

17 在背面开一刀（注意切进去一半的深度）。

18 在切开的部分刷一层糖花胶水。

19 把身体粘在支架上，与脖子部分连接好。

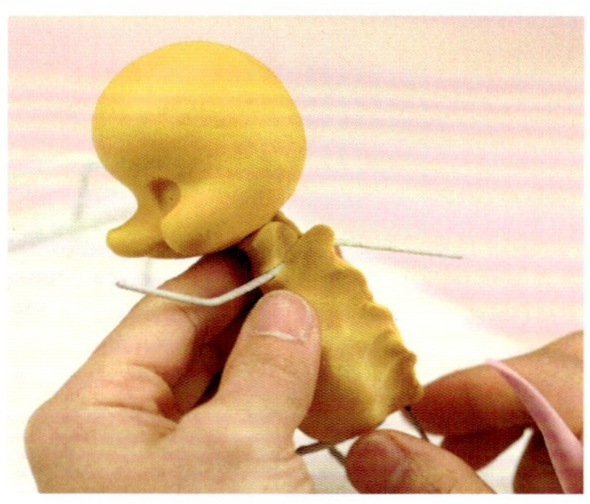

20 将身体背部缝隙捏紧。

21 用手调整一下肚子部分的弧度。

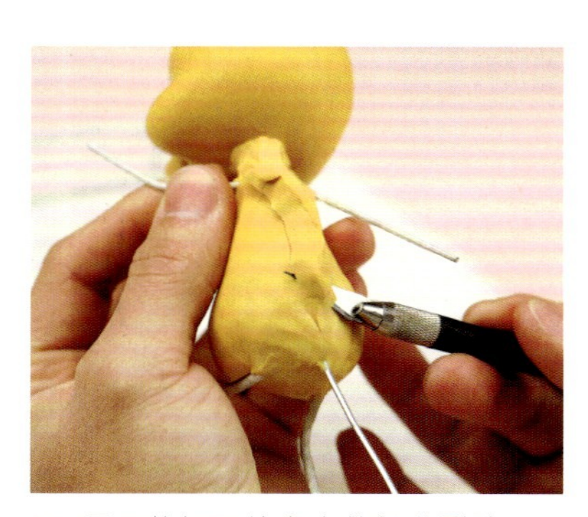

22 用刀将切口处多余的部分剔除。

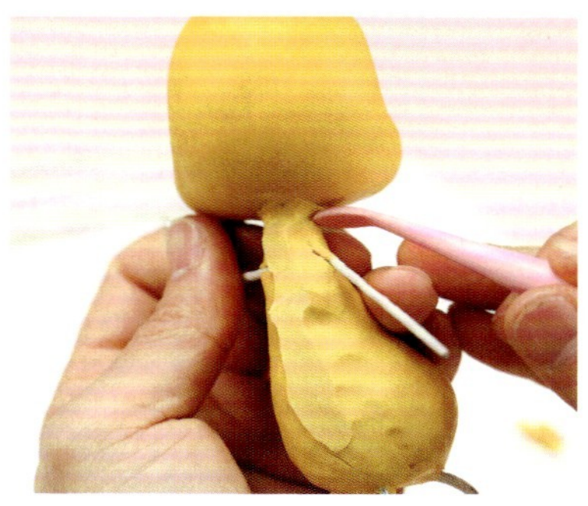

23 将脖子部分碾平。

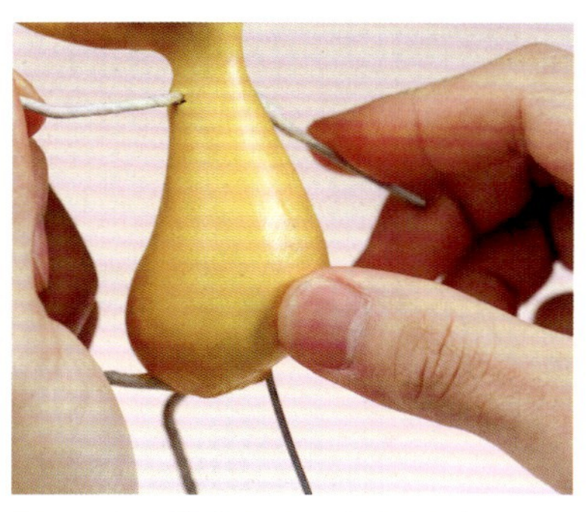

24 手上涂抹白油后，将接口抹平。

25 眼眶中，安上人偶干佩斯当眼白。两边眼睛形状保持一致，用开眼刀压平。

26 将黑色圆球粘在眼白的中间。

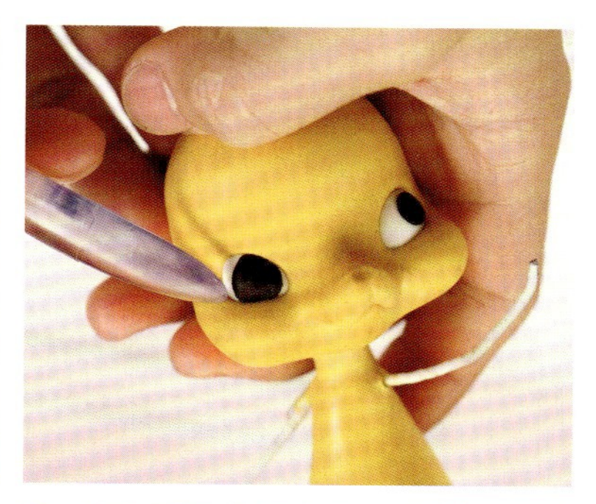

27 用开眼刀将黑色圆球压扁，但要保持一定弧度。

28 将眼线安装在上眼睑位置。

29 安装人偶干佩斯当作门牙。门牙中间用开眼刀分成两半。

30 将肤色人偶干佩斯粘在鼻头部分。

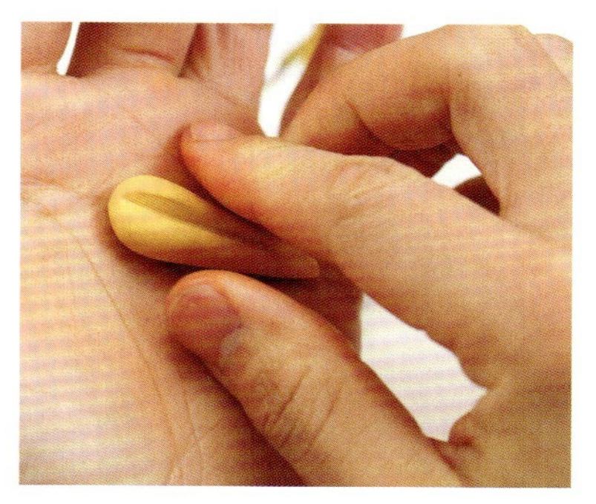

31 制作手臂。把人偶干佩斯制成水滴形，中间切开。

32 将手臂与铁丝均匀贴合。粗的部分靠近肩膀，细的部分是手腕，接口捏平。

33 将手臂部分抹平。

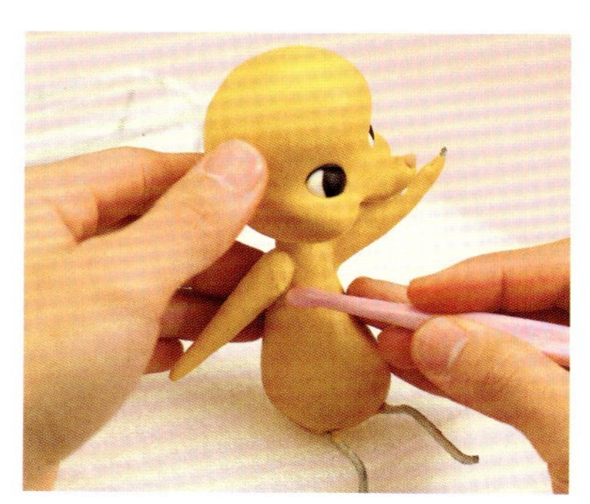

34 安装右臂，把接口处抹平。

35 安装好双腿。手上涂抹一层白油，将腿部线条揉捏均匀。

36 制作耳朵。用手对折人偶干佩斯，弯出耳朵的形状。耳朵边缘凸起，中间要凹进去。耳朵根部稍微收窄。

37 安装耳朵，将接口处抹平。

38 制作并安装毛发，用开眼刀划出纹路。

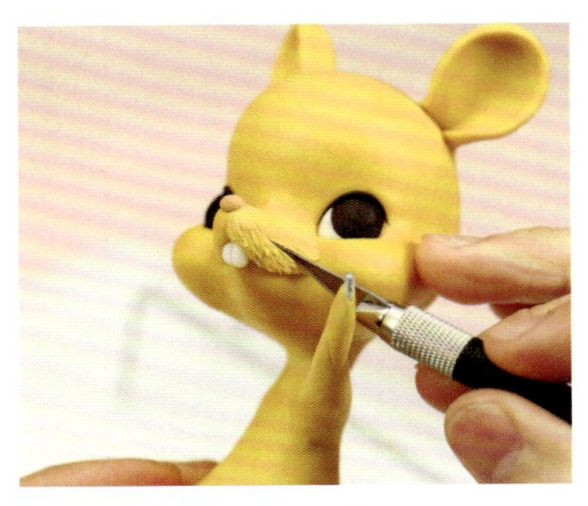

39 美工刀切出细的纹路。

40 在眼部贴上一块黄色人偶干佩斯并抹平。

41 用碾花棒尖的部分刮出腮部毛发的走向和线条。

42 要注意，毛发的走向是向后方。

43 额头上刷胶并粘上一层黄色人偶干佩斯。

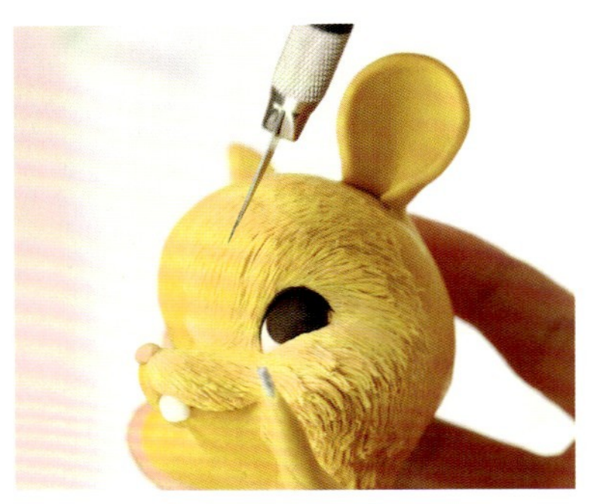

44 开眼刀划出毛发纹理。

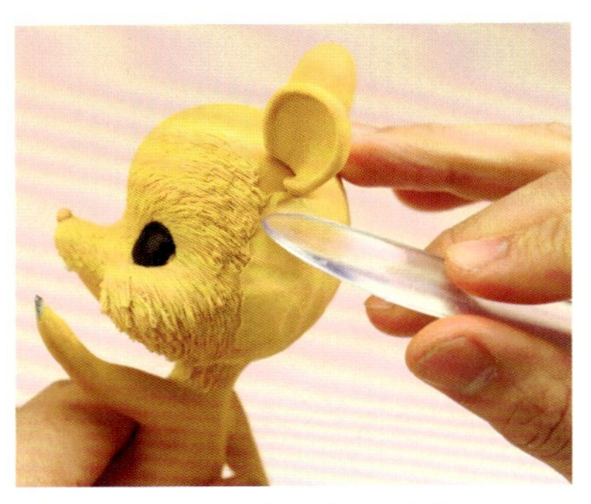

45 后脑勺粘一片人偶干佩斯，用开眼刀的背面将接口处抹平。

46 美工刀划出细的纹路，使纹路更清晰。

47 用美工刀加深毛发的深度及层次感。

48 将人偶干佩斯贴在下巴处。

49 用金属开眼刀刮出下巴毛发纹理。

50 头顶粘人偶干佩斯，用塑料开眼刀压平，使其与额头部分无缝衔接。

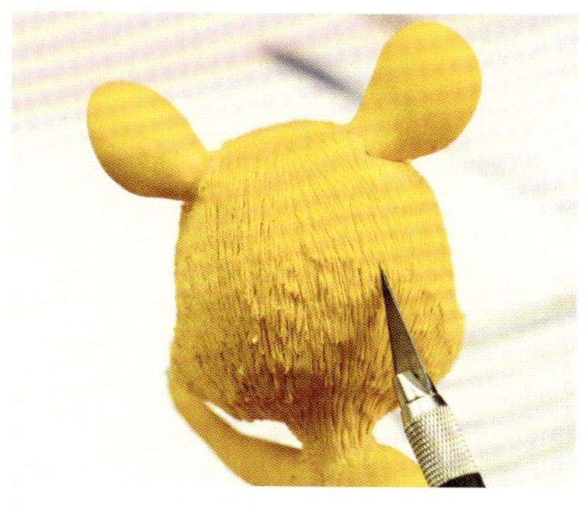

51 将头的背面用美工刀画出纹理。

52 制作衣服。用钢尺将棕色翻糖皮压出一道凹槽。

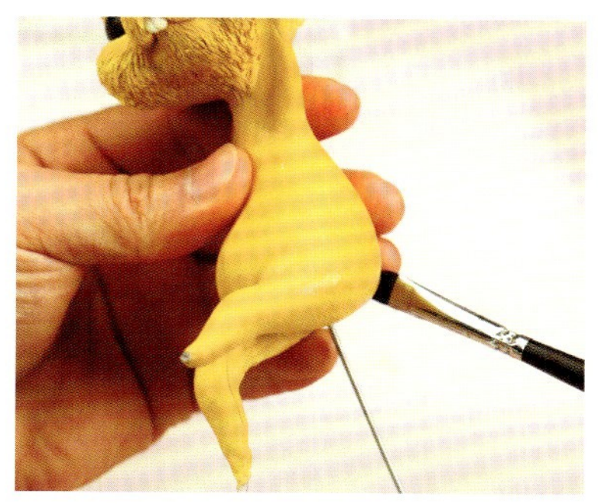

53 在腿部刷上胶水。

54 棕色翻糖皮包住腿部部分。

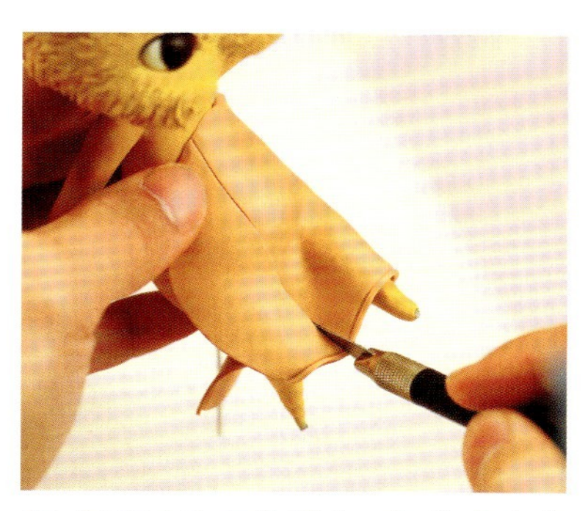

55 在肚子的中线部分，切除多余的材料。

56 压出衣服的纹理。

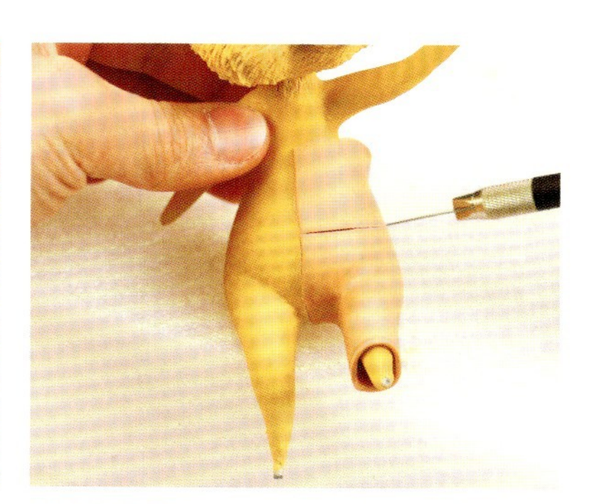

57 美工刀裁去上半身多余的部分。

58 两只裤腿做好，接口抹平。在胸口部分刷上胶水。

59 贴上一块白色翻糖皮。

60 用碾花棒整理衣服边缘处的线条，使其有飘逸感。

61 擀一片绿色的人偶干佩斯，用钢尺压出边缘的凹槽。

62 用美工刀裁去多余的部分。

63 穿上去，切去肩部多余的部分。

64 腋下部分切一条直线，背部多余部分除去。

65 开眼刀点压出纽扣的位置。

66 背面贴上绿色翻糖皮。

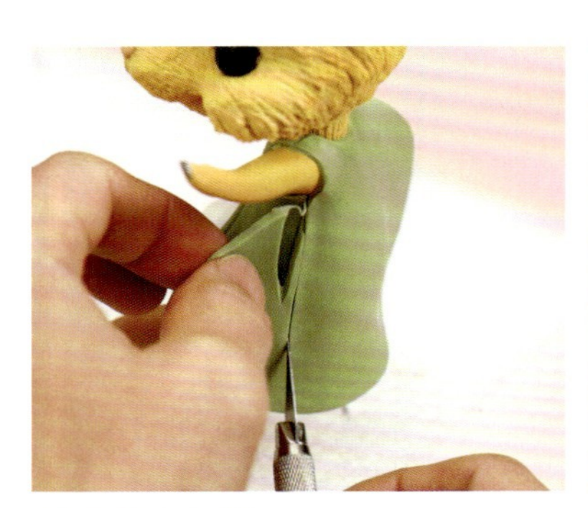

67 裁去多余的部分。

68 压出衣袖的褶皱部分。

69 制作并安装衣领，用剪刀裁剪出衣领的形状。

70 制作耳朵并抹平接口。

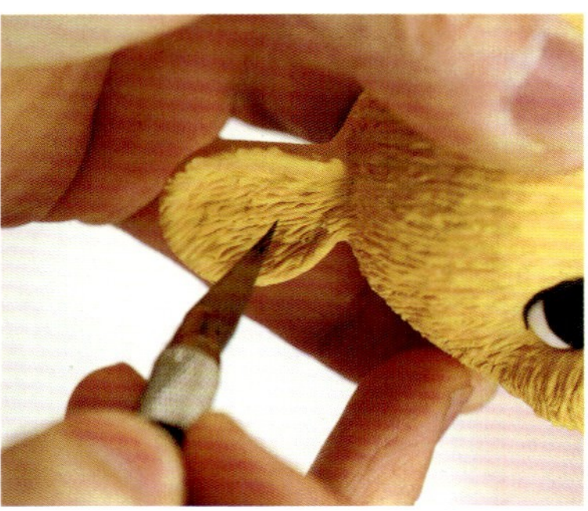

71 美工刀加深绒毛的层次感。

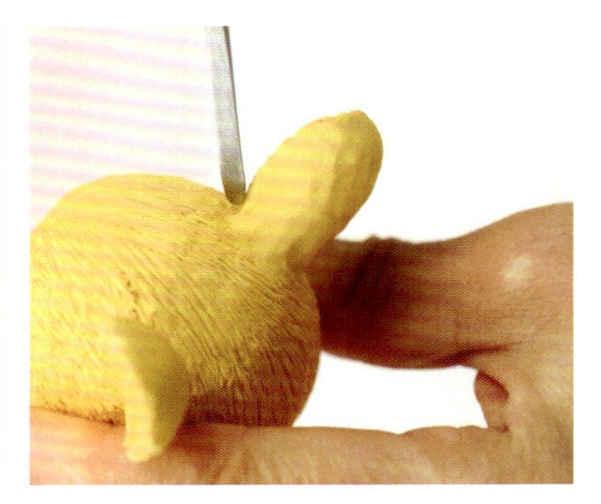

72 用开眼刀从根部刮出毛发纹理。

73 美工刀加深耳部毛发的纹路。

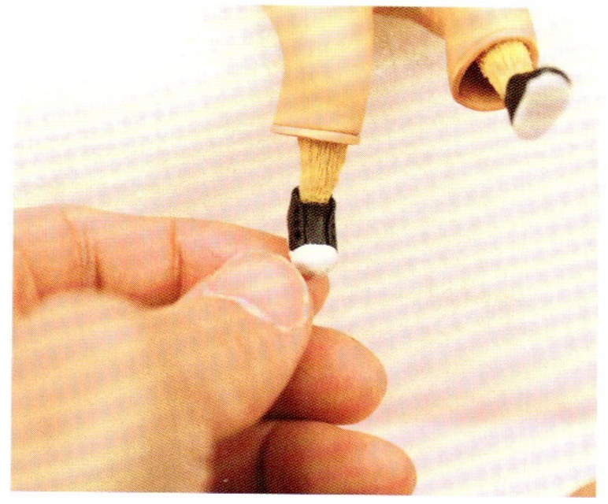

74 制作并安装鞋子。

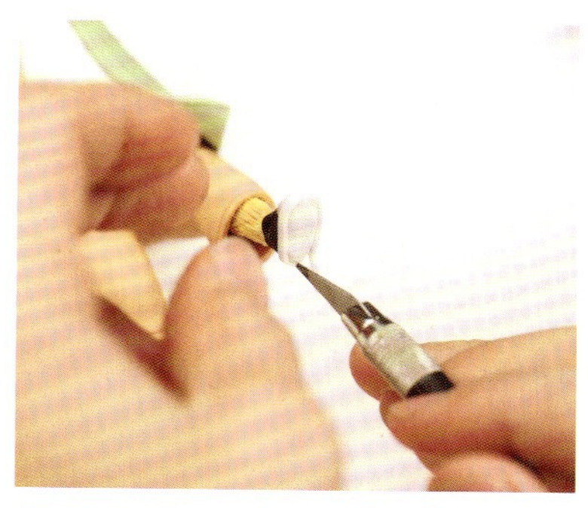

75 鞋子底部白色与鞋面交界的部分，用白色线条进行贴边。

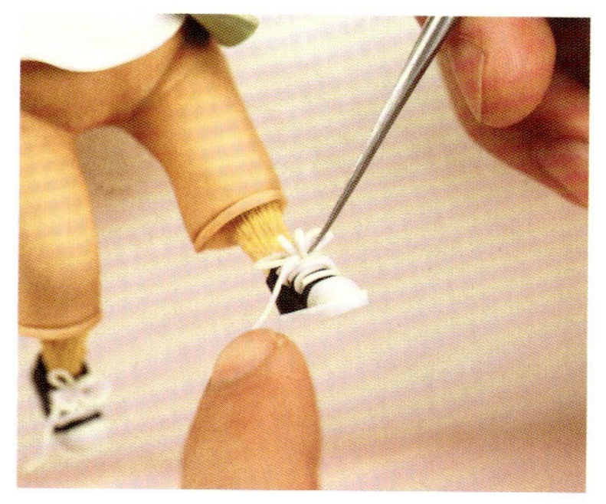

76 制作小蝴蝶结当鞋带，组装在鞋子上。

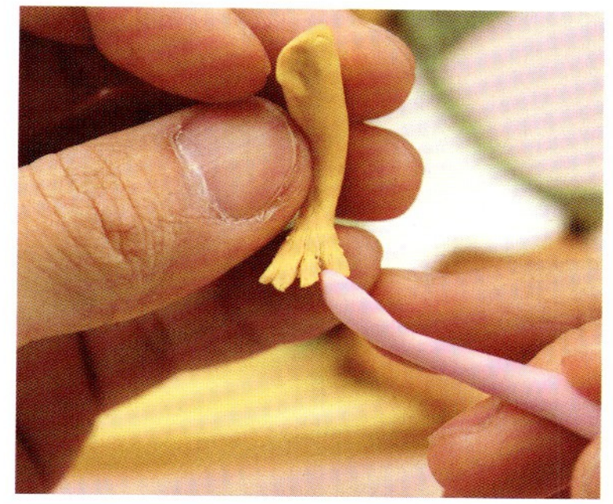

77 制作手指和手掌并安装。

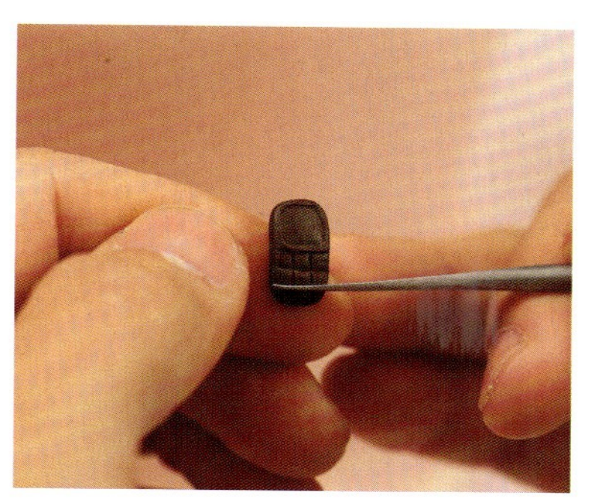

78 用开眼刀在黑色长方体上压出手机的键盘按钮及屏幕。

79 将手机放在小鼠手上。

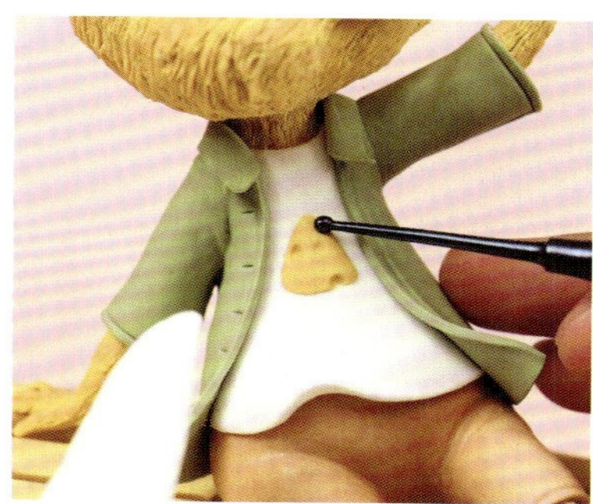

80 做出胸前的图案。

81 做出纽扣均匀贴在外套的左边。

82 开眼刀调整嘴唇边缘的纹路。

83 金属开眼刀细化毛发。

84 眼部凹槽部分刷阴影色。

85 在鼻头下方刷阴影色。

86 刷出眼睛边缘的咖啡色。

87 涂抹裤子阴影色时要注意，切勿将色粉涂刷在白色圆点上。

88 小鼠耳朵内用喷枪喷上粉红色。

89 小鼠眼睛刷上亮油。

90 制作长凳。裁出一块 4 毫米厚的黄色翻糖皮。

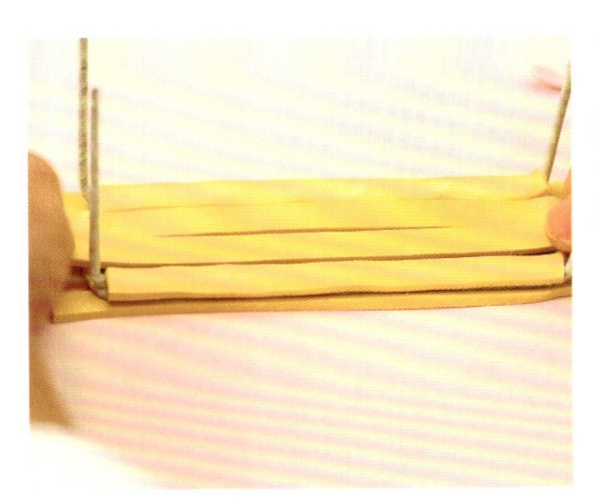

91 裁成 8 条，上下粘好，将铁丝包裹起来。

92 凳子腿用白色干佩斯制作。

93 凳子表面夹层中的铁丝用翻糖皮进行填充。

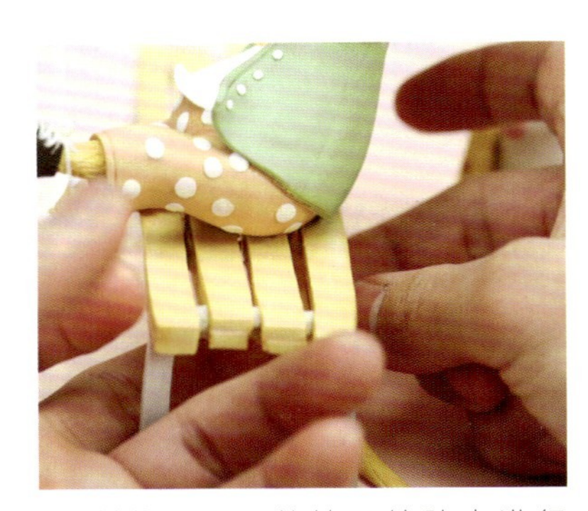

94 制作尾巴，从椅子缝隙中进行组装。

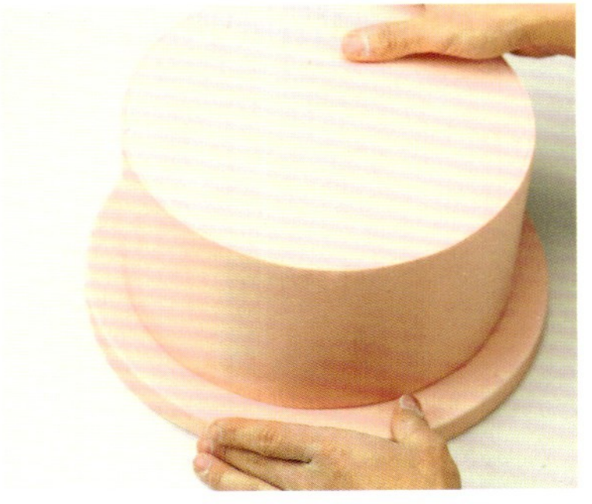

95 在底坯的中间部分刷上一层糖花胶水，并将泡沫坯粘于上方。

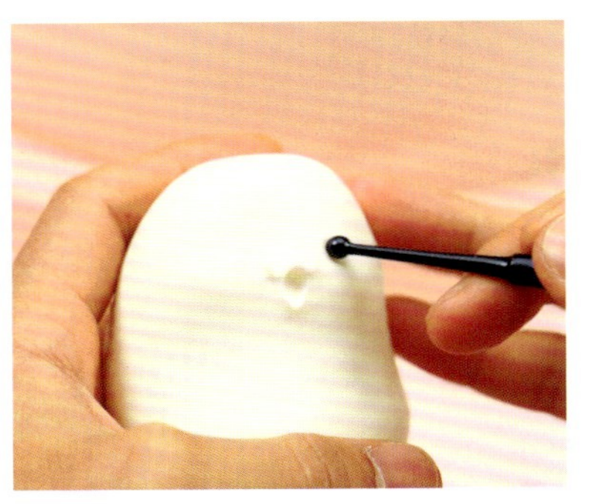

96 制作兔子的大形，用小球刀点压出眼睛的形状，再加深眼睛的深度。

97 安装耳朵，用碾花棒抹平接口处。

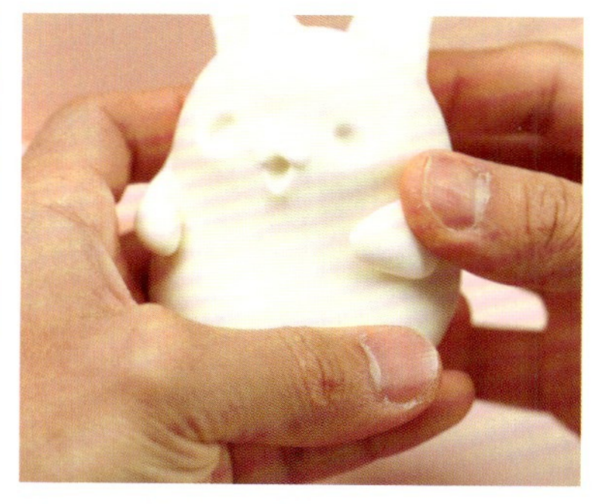

98 做出胳膊与腿脚，粘在身体上。

99 做出眼睛并安装。揉出一个粉红色小圆球，粘在嘴部的凹槽部分。

100 粘上腮红，用手压平。

101 安装上如图的奶酪。

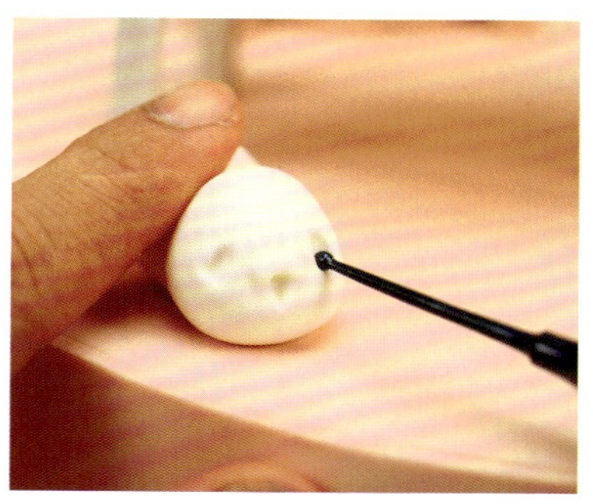

102 制作趴着的兔子，小球刀点压出眼睛形状。

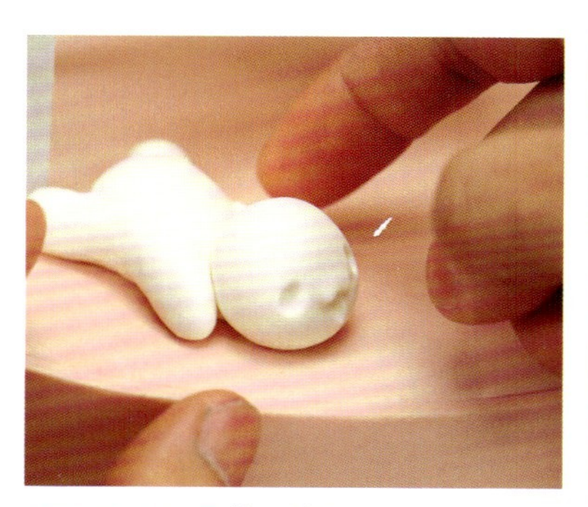

103 开眼刀调整手臂的形状。

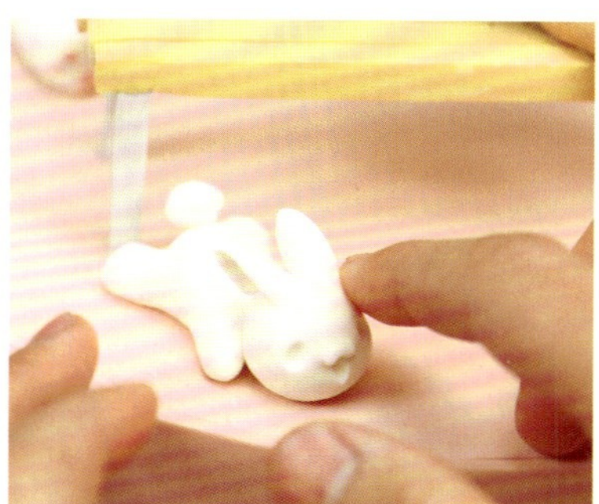

104 制作并安装耳朵。

105 安装眼睛与腮红。

106 兔子眼睛刷高光。

107 兔子耳朵边缘用喷枪喷肉粉色。

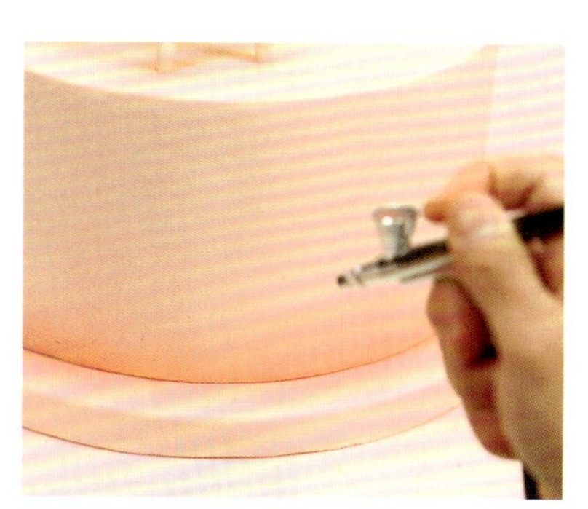

108 底座接口部分喷咖啡色加粉红色。

## 子任务二
# 开心时摇一摇

1 先取一块人偶干佩斯揉成球形。压出眼睛的深度，然后塑出头部大形。

2 压低鼻子两侧修出鼻子大形。在鼻头位置压一个凹陷。

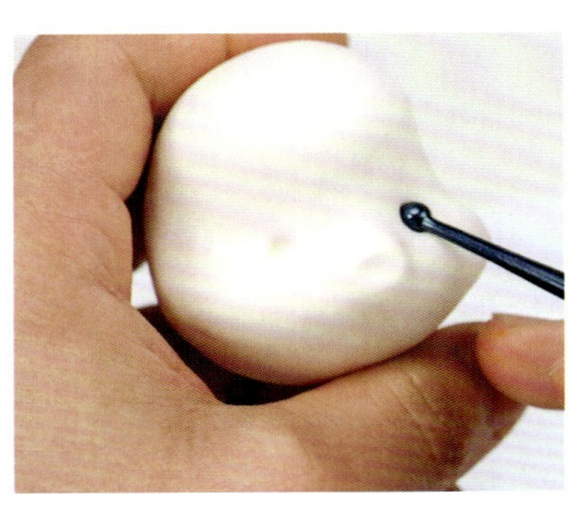

3 确定眼睛位置并用小球刀压出凹陷。

4 塑料开眼刀的弧面朝下在鼻子下面开出嘴巴。

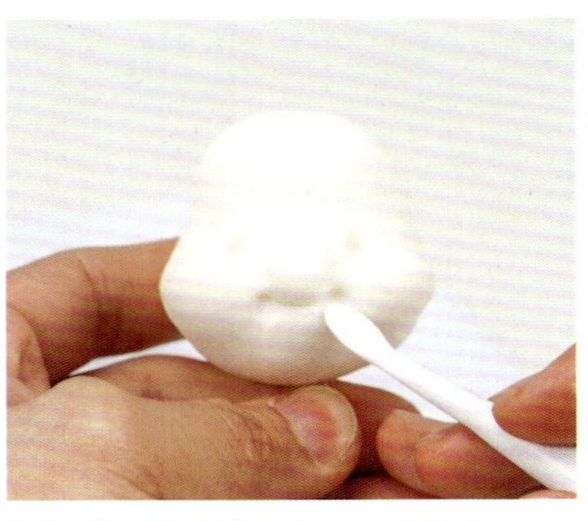

5 把嘴巴表面修圆润，压出嘴角。

6 取黑色人偶干佩斯揉成椭圆形装在鼻子凹陷处，再揉两个相同大小的球形，粘到眼睛的位置。

7 用人偶干佩斯揉出水滴形，然后用球刀压成耳朵形状，再取淡粉色人偶干佩斯做成水滴形薄片，贴在耳朵上。把做好的耳朵装到头上。

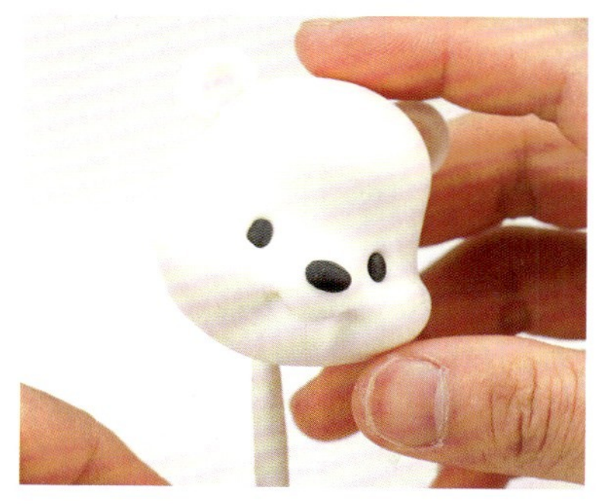

8 用 12 号铁丝搭出身体支架。

9 制作身体。用人偶干佩斯揉成水滴形，然后竖直切一个口子，方便与铁丝组装。

10 把有切口的面朝后包在支架上。表面修圆润塑出身体大形。

11 取少量人偶干佩斯塑成倒三角形，装到腿的位置。把腿和身体连接的接口抹平。

12 取少许人偶干佩斯揉成长一点的水滴形。装到胳膊的位置，抹平接口。

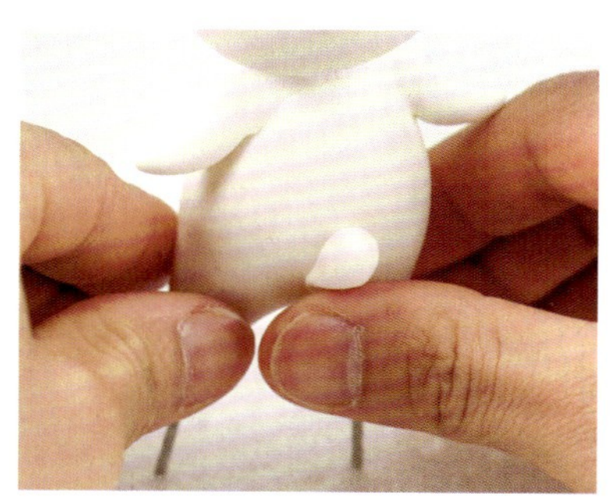

13 取少量人偶干佩斯揉一个球形，装到尾巴的位置。

14 用黑色人偶干佩斯搓两条两头细中间粗的线条，粘到眼睛上方眼线的位置。

15 取少量淡粉色人偶干佩斯揉成椭圆形，按成薄片，粘到脸蛋的位置。再搓两个小细条粘在眉毛位置。

16 取少量淡粉色人偶干佩斯塑成心形，粘到身体的右胸口位置。

17 取一点红色人偶干佩斯做成心形，装到粉色心形上。

18 用 00000 号勾线笔沾白色色膏，在鼻子和眼睛上点高光。

19 用00000号勾线笔在小熊耳朵里刷一点贝壳粉色色粉。

20 用00000号勾线笔在小熊嘴巴里刷深卡其色色粉。

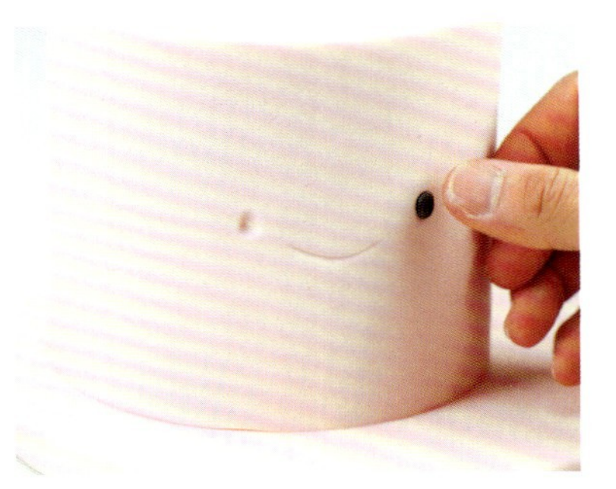

21 取少量黑色人偶干佩斯揉成球形，粘在包好面的蛋糕如图的位置。

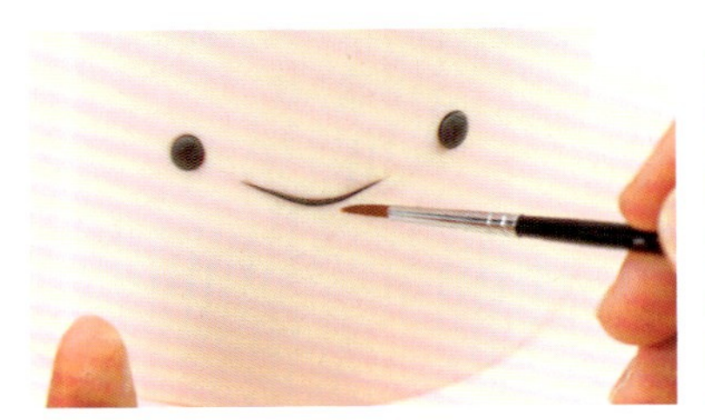

22 把另一只眼睛也粘上，然后搓一条两头尖中间粗的线条装在嘴巴的位置，再拿000号勾线笔蘸少量桃花粉色色粉，在嘴巴和眼睛边缘刷出阴影色。

23 用淡粉色人偶干佩斯揉两个一样大的球形按扁，粘在脸蛋上，再取一点黑色人偶干佩斯搓两个小水滴装到眉毛位置。

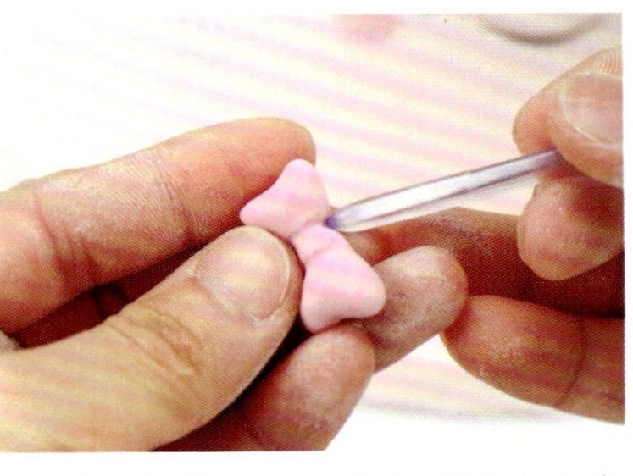

24 取一块粉色人偶干佩斯用中号主刀塑成蝴蝶结形状，在中间压出绑带轮廓。

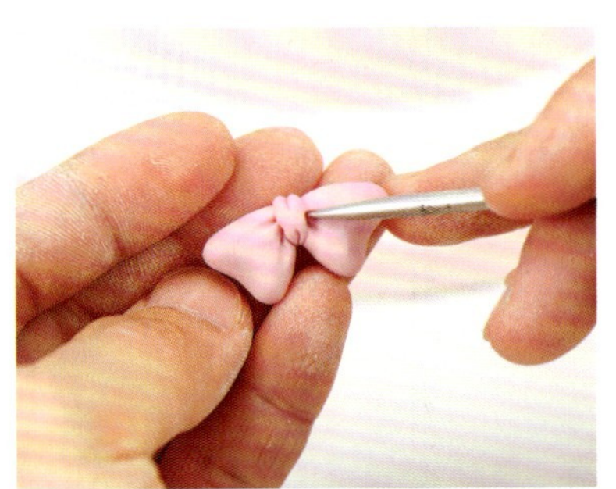

25 用锥型棒压出蝴蝶结纹理。

26 把蝴蝶结粘到蛋糕如图的位置。

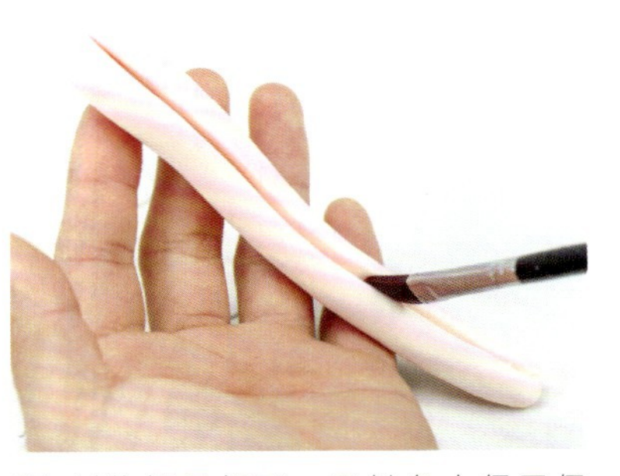

27 制作杯子把手。取粉色人偶干佩斯搓成粗条，划出口子，刷上糖花胶水。

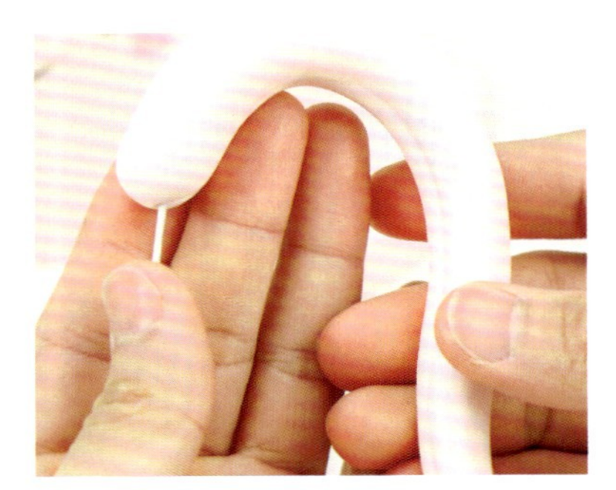

28 在里面包一根铁丝支撑。

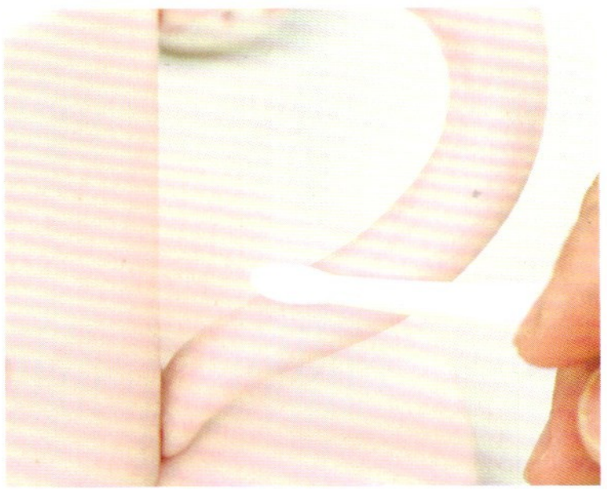

29 把做好的把手装到蛋糕上。把手表面的接口抹平。

30 用喷枪在蛋糕和底座连接的位置喷上阴影色。

31 在蛋糕上面边缘位置喷深一点的粉色。

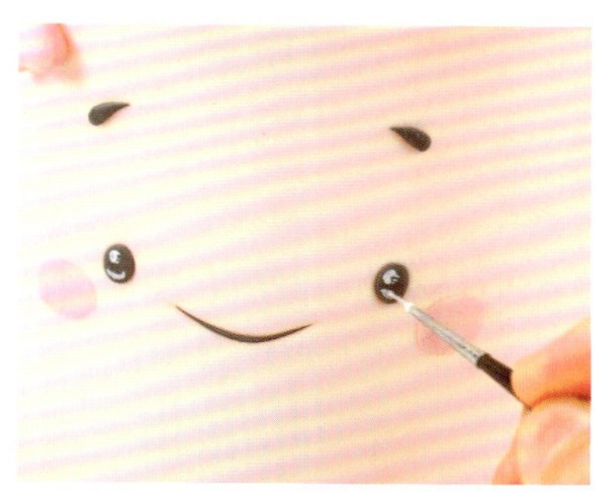

32 用00000号勾线笔沾白色色膏在蛋糕的眼睛上点高光。

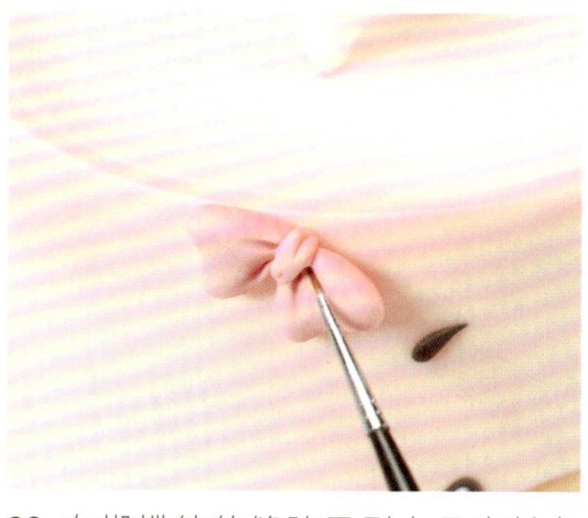

33 在蝴蝶结的缝隙里刷上贝壳粉色色粉。

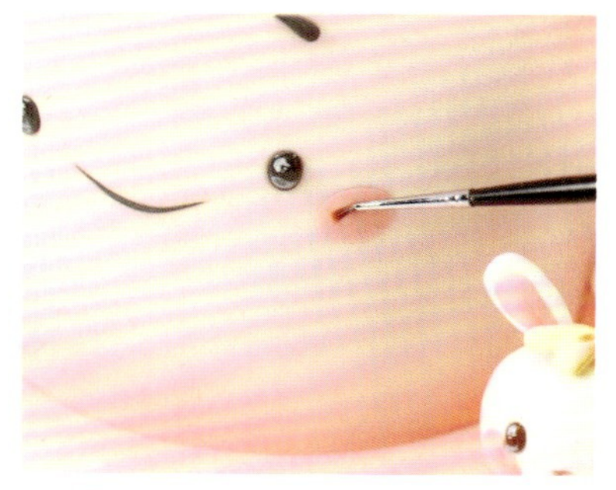

34 用00000号勾线笔在如图位置刷上桃花粉色色粉。

35 制作兔子。取一块人偶干佩斯揉成椭圆形，然后用小球刀压出眼睛和嘴巴。

36 用塑料开眼刀的窄头弧面朝下把嘴巴压深。

37 取人偶干佩斯做出兔子的身体。

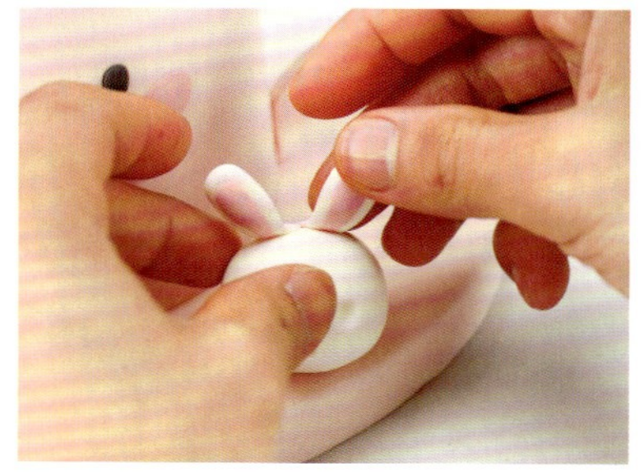

38 取人偶干佩斯揉成长一点的椭圆形，按扁一些。再取粉色人偶干佩斯揉成略小的椭圆形，压薄，组装成兔子耳朵装上。

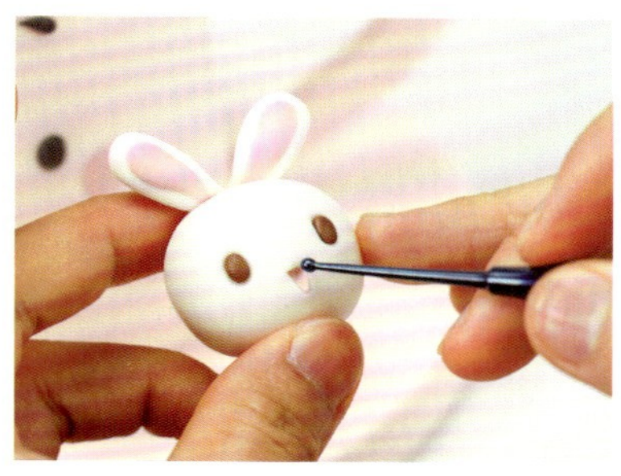

39 取一点咖啡色人偶干佩斯揉成椭圆形装到眼睛的位置，再取一点粉色人偶干佩斯压成倒三角形薄片，用小球刀压到嘴巴里面。

40 取粉色人偶干佩斯做两个心形薄片粘在脸蛋上。制作蝴蝶结，装到兔子的头上。

41 用00000号勾线笔沾白色色膏在兔子眼睛上点高光。

42 在兔子的蝴蝶结褶皱里刷上金丝黄色色粉。

43 用00000号勾线笔在兔子眼睛的轮廓上刷牛奶巧克力色色粉。

44 用00000号勾线笔在耳朵上刷桃花粉色色粉。

45 人偶干佩斯压进云朵模具里面，压3片，取出后装饰在蛋糕上即可。

## 子任务三

# 自得其乐

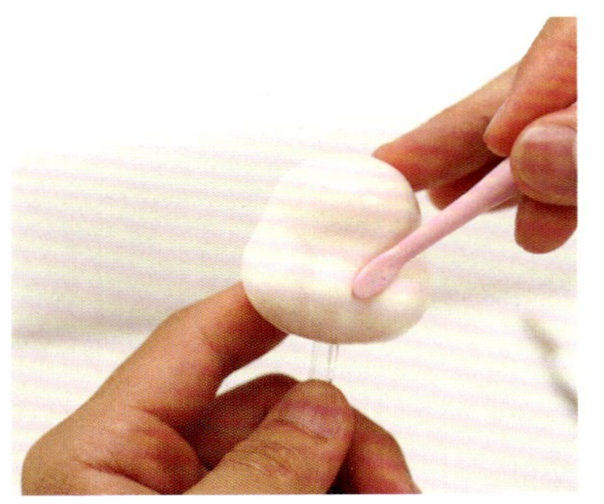

1 取一块肤色人偶干佩斯压出眼睛的深度，开出头部大形。

2 用手按出鼻子大形。

3 把脸部修光滑。

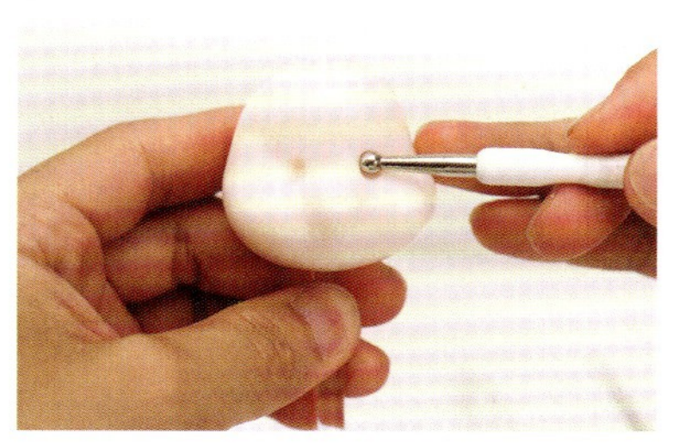

4 用小球刀压出眼睛凹陷处。

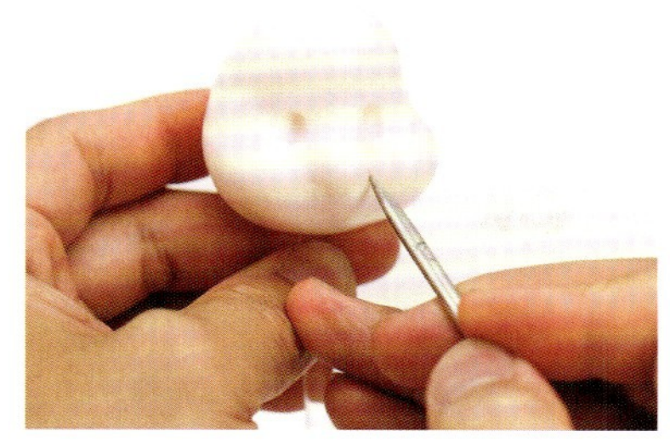

5 用锥型棒定出嘴巴大小。

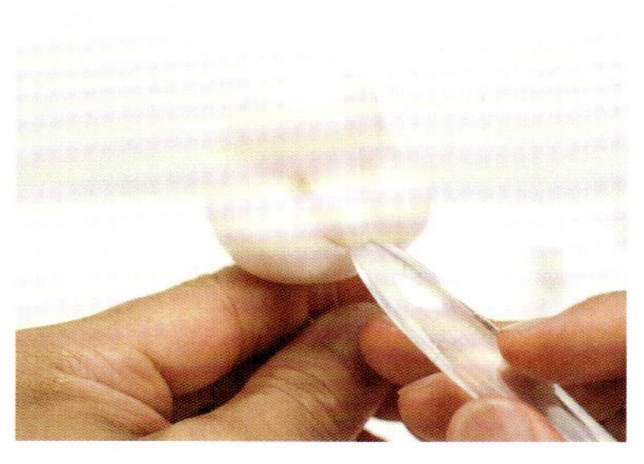

6 塑料开眼刀的弧面向下压出嘴巴。

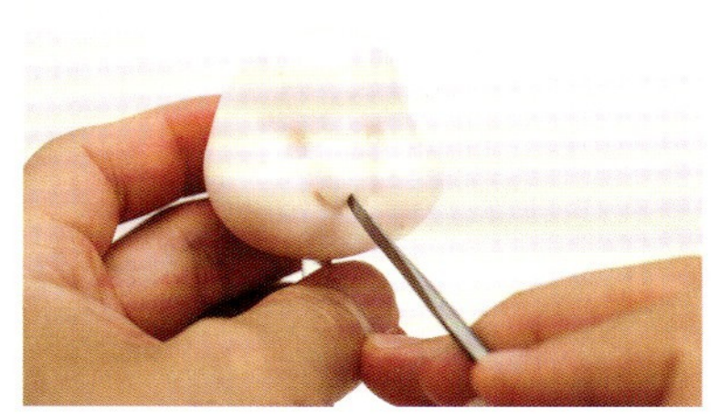

7 用铁质开眼刀压出兔子独特的三瓣嘴。

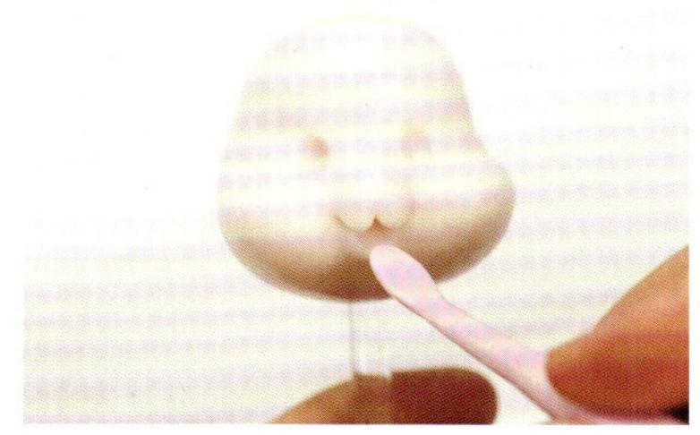

8 用塑形刀压出下嘴唇轮廓。

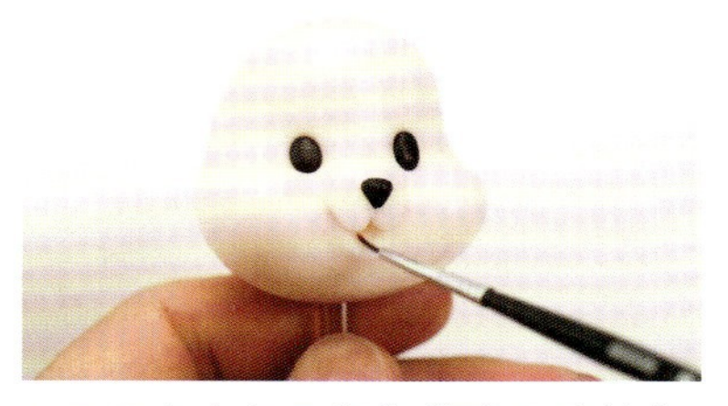

9 取黑色人偶干佩斯做成眼睛粘上，再揉一个三角形粘在鼻子的位置。用 00000 号勾线笔在嘴巴里刷上糖花胶水。

10 取少量粉红色人偶干佩斯揉成椭圆形，然后压薄，装到嘴巴里面。

11 取少量淡粉色人偶干佩斯做成两个椭圆形薄片，粘到脸蛋上。制作眉毛并粘好。

12 取一块肤色人偶干佩斯揉成水滴形，在尖的一端插一根 12 号铁丝固定。

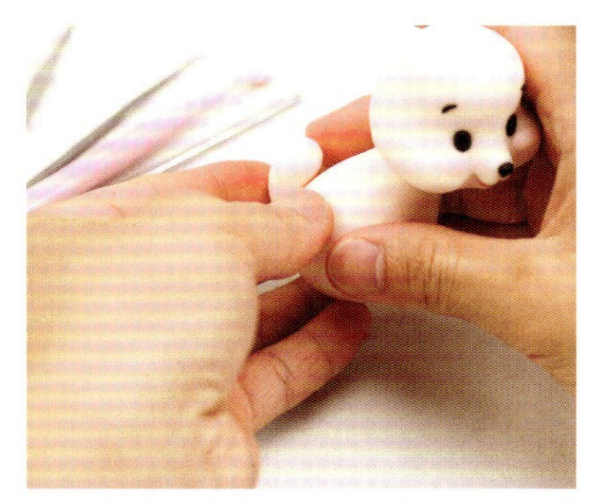

13 把头装到身体上。再取人偶干佩斯揉成水滴形，倒过来装到尾巴的位置。

14 再用肉色人偶干佩斯揉成两个一样大的水滴形装到腿的位置。

15 制作衣服。取一块红色人偶干佩斯擀薄，切成长条形包在身上。

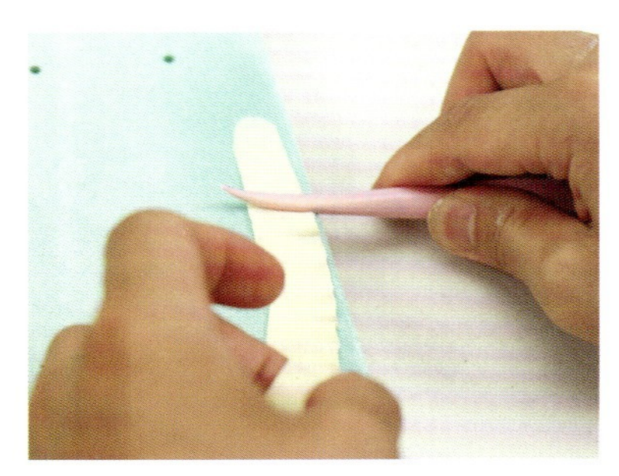

16 取一点淡黄色人偶干佩斯擀成薄片，然后放到海绵垫上，用塑形刀把边缘压薄。

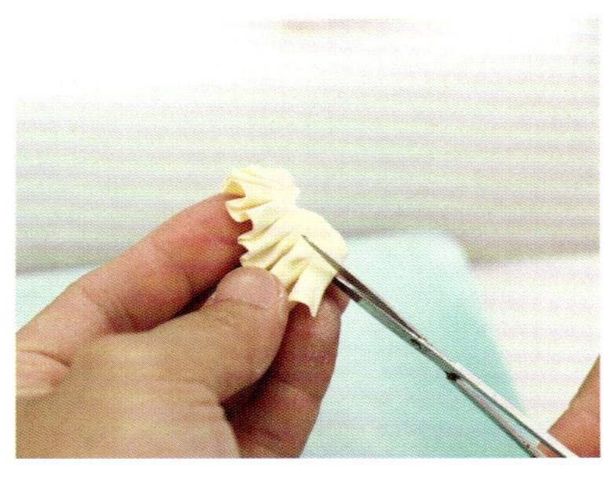

17 把没有压薄的部分呈波浪状压到一起，把变厚的地方剪掉。

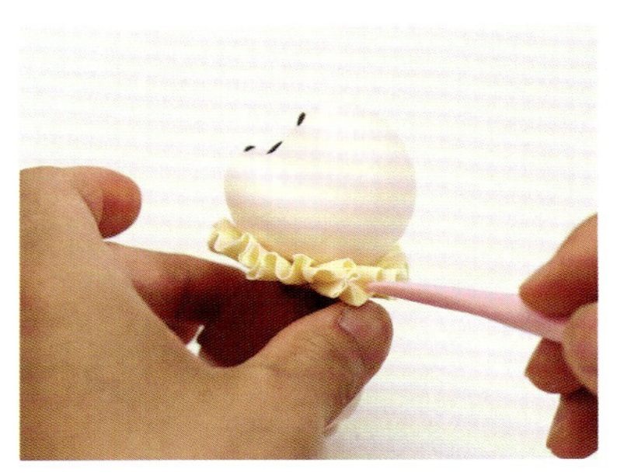

18 把做好的花边装到脖子上，调整好。

19 取少量红色人偶干佩斯擀成薄片，切成细条装在领子的位置。

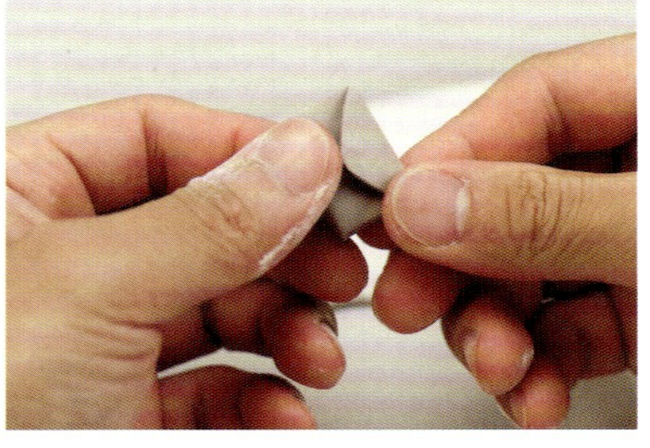

20 取一点卡其色人偶干佩斯擀成厚一点的片，裁成小一点的长方形，再制作一片三角形，粘成包的样子。

21 把做好的包粘到胸口。

22 取一些白色人偶干佩斯揉成一个长水滴形，在背面刷上糖花胶水，粘一根 20 号铁丝。

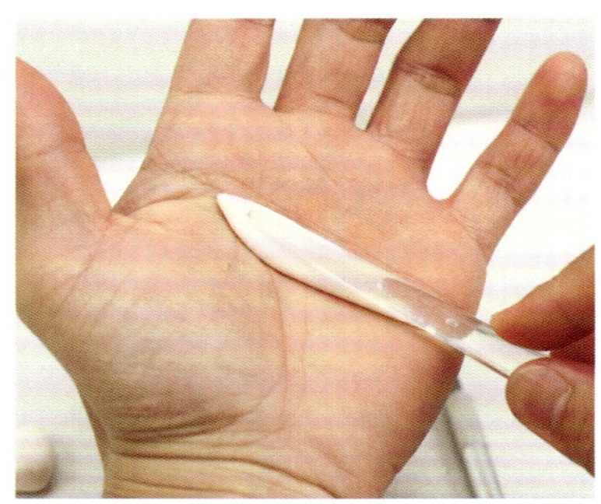

23 把没装铁丝的一面用塑料开眼刀的窄头弧面向下压出耳朵的凹陷形状。

24 再做一只弯的耳朵。对比一下两只耳朵的大小。

25 两只耳朵里各粘一片粉色人偶干佩斯，装到兔子头上。

26 制作帽子和装饰带，安装好。

27 制作小蝴蝶结装到帽子上。

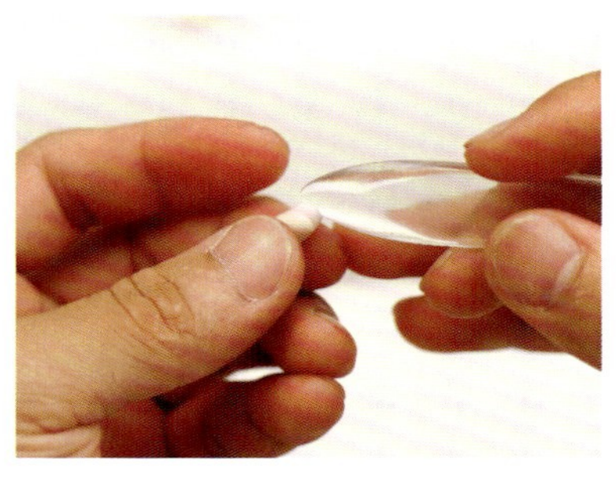

28 取原色人偶干佩斯揉成水滴形，先轻轻把它压扁，然后用塑料开眼刀在宽的那头竖直压两条纹理。

29 两只手都做好，粘上，抱在包的两边。

30 制作红心装到包上。

31 取一个半球形的坯子，把里面掏空，取一点浅橘色人偶干佩斯擀薄包在里面。

32 用红色人偶干佩斯擀薄包在半球形外面。

33 把多余的材料切掉并抹平接口，成杯子大形。

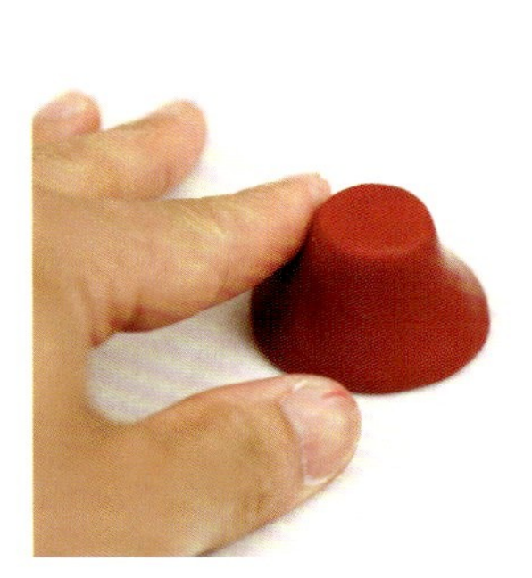

34 取红色人偶干佩斯塑成如图形状。

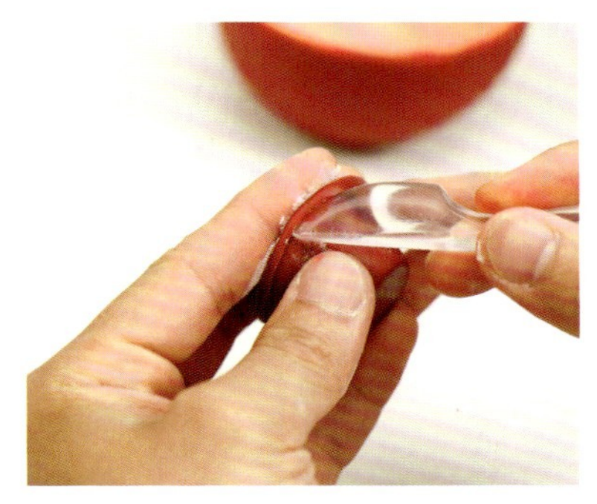

35 用刀型棒塑出杯子底座的形状。

36 取一根 20 号铁丝弯好弧度，缠一层绿色花杆包胶。

37 取一点红色人偶干佩斯搓成两头细中间粗的形状，塑料开眼刀划出缝。

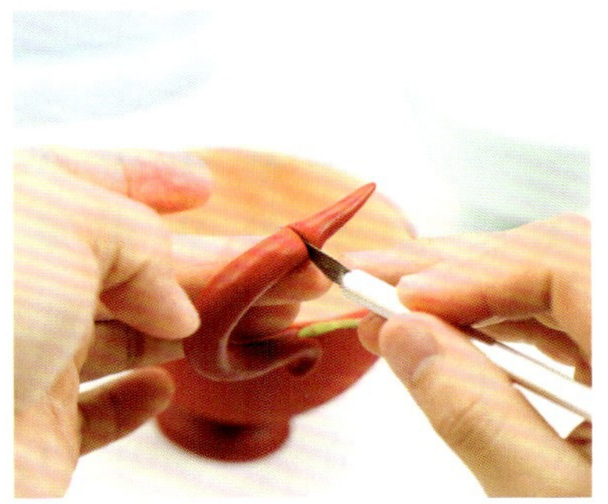

38 包在弯好弧度的铁丝上，切掉多余的材料。

39 装到做好的杯子上。

## 质量标准

造型明确具象，色彩鲜艳明快。

## 任务评价

填写翻糖卡通动物制作评价表。

翻糖卡通动物制作评价表

| 班级 | | 姓名 | | 日期：　　年　　月　　日 | |
|---|---|---|---|---|---|
| 序号 | 评价指标（每项 20 分） | | 自评 | 组评 | 师评 |
| 1 | 工具、材料准备情况 | | | | |
| 2 | 各配件比例是否协调 | | | | |
| 3 | 造型是否自然美观 | | | | |
| 4 | 色彩搭配是否自然和谐 | | | | |
| 5 | 造型是否明确具象 | | | | |
| 备注 | 总分100分，80分为优秀，70分为良好，60分为合格，60分以下为不合格，<br>总分=自评（30%）+组评（30%）+师评（40%） | | | | |

## 任务检测

根据所学知识与技能，设计并制作一款翻糖卡通动物。

# 任务三　制作翻糖卡通人偶

## 任务导入

卡通人偶是影视作品或图书里人物的卡通形象，比起用翻糖制作卡通动物难度稍高些，但更容易出彩。

1. 了解制作翻糖卡通人偶的技巧。

2. 运用所学知识与技能制作翻糖卡通人偶蛋糕。

3. 培养学生对翻糖蛋糕造型的探索精神和创新思维。

## 一、制作卡通人偶的技巧

1）卡通人偶三庭位置：上庭指头顶到眉心位置，占整个头高度的 2/5。中庭指眉心到鼻尖位置。下庭指鼻尖到下巴位置。眉心之下的 3/5 高度，中庭和下庭各占一半。嘴位于下庭的 1/2 位置上面一点点。

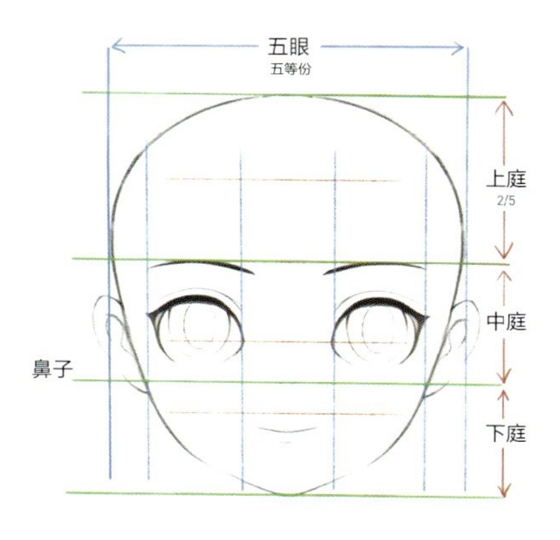


卡通人偶三庭五眼

2）卡通人偶五眼位置：面部左右耳朵（靠脸部的那侧）之间的距离，是五个眼睛的宽度；两个眼睛之间的间距是一个眼睛的宽度；外眼角到耳朵端（靠近脸的那侧）的距离是一个眼睛的宽度。按这个比例做出来的卡通人物形象是最和谐美观的。

3）卡通人偶中的儿童形象，不同于以上的三庭五眼原则，儿童是额头占 1/2，下巴占 1/4，按这个比例做出的形象非常可爱。

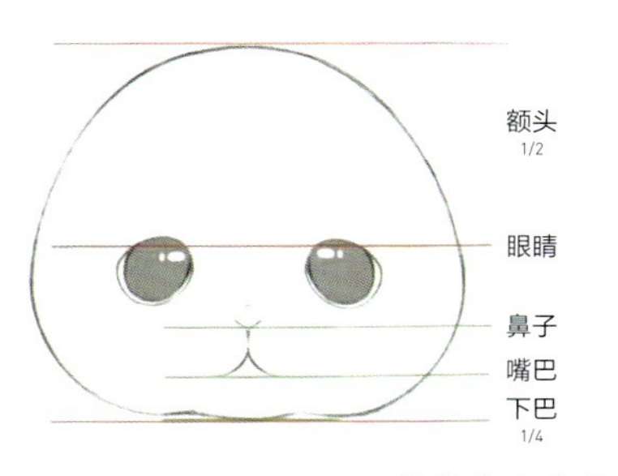


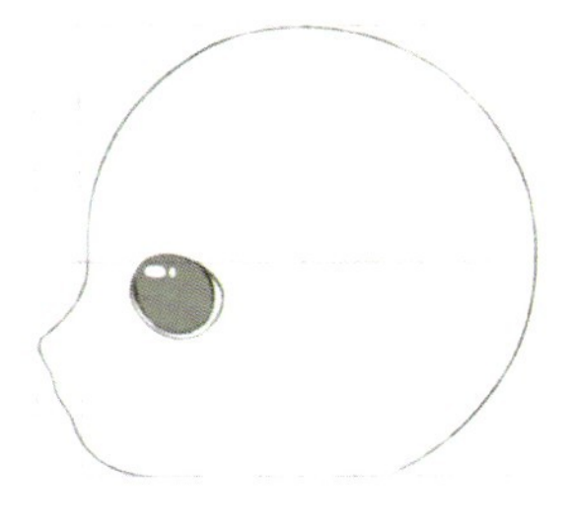

儿童卡通人偶五眼

4）人偶的上嘴唇一般高于下嘴唇。

5）从侧面看人偶脸部五官，其位置由高到低分别为：鼻子、上嘴唇、下嘴唇、下巴、眉毛、额头、眼睛、耳朵。

6）眼白一定要加白色色素，不然可能会出现眼白透明的现象，眼睛看起来无神。

7）瞳孔不能全部露出来，上面要被上眼皮遮住一部分，否则会一脸凶相。如果要做凶狠的人偶可以把瞳孔全部露出。

8）身体和头部的比例大约是 1∶2.5 或 1∶2，具体按照不同卡通人偶的要求来制作。

## 二、制作卡通人偶常见问题

开脸时，如果塑形速度不够快，脸部容易开裂，解决办法如下：

①选择干燥速度不那么快的质量好的人偶干佩斯（干得慢、定型快、不粘手、不反弹），不用担心表面开裂。

②揉匀后在表面擦上防止干燥的白油，即可延长塑形时间，白油有保湿的作用，涂得越厚保湿效果越好。但要注意，制作过程中可以涂白油以精雕细琢，但已经制作完成的作品不需要涂抹白油，以避免纹路不清晰。

制作好的衣服给卡通形象穿上时，容易发生破裂，解决办法如下：

①选择干燥速度不那么快的质量好的柔瓷干佩斯（柔韧性好、塑形时间长，可以反复调整，不会很快干燥，非常适合制作衣服）。

②如果材料比较干硬，可以适当添加水使其变软。

### 翻糖卡通、翻糖人偶的商业用途

#### 1. 用于主题甜品台的制作和销售

甜品台，即放各种甜品和饮料的桌台，是各种庆典宴会上的重要角色，象征着甜蜜与幸福。布置精美、味道可口的甜品，能给人留下深刻的印象，成为宴会的点睛之笔。甜品台可以单独设置，也可以和其他美食一起布置。可以作为两餐之间的茶歇，也可以和正餐一起供宾客选择。卡通形象甜品台近年来是许多影视作品发布会的必备项目，用翻糖制作出的卡通形象，比起泡沫雕塑等，具有质地细腻、形象逼真的特点，而且更为环保（可以吃掉，不污染环境）。打破了传统甜品的印象，令人耳目一新，提升了整个宴会的档次。

## 2. 文创周边产品

用翻糖做出各种栩栩如生的卡通形象，可用于文创产品及游戏手办的周边宣传。同影视作品中的形象一样，越来越多的游戏公司在发布大型新款游戏时，选择用翻糖来塑造游戏形象。别出心裁的创意，更能吸引用户的注意力。图示的美人鱼和青鸟，就是为某游戏公司量身打造的翻糖形象。

美人鱼

青鸟

### 3. 可以用于店面的展示，增加产品亮点，增强市场竞争力

新店开业或店庆等活动时，如日用品或食品店面，用上翻糖制作的卡通产品，形象精美，令人称绝，比传统的塑料等制品，具有更美观、更逼真的特点，对于吸引宾客的眼光、增加产品亮点、提升市场竞争力、扩大宣传力都有重要作用。

### 4. 可以制作成翻糖手办收藏或打包出售

各种新闻发布会或婚庆或节日庆典等场合，往往会赠予嘉宾伴手礼，用翻糖制作的手办，艺术感十足，有收藏价值。

### 5. 蛋糕装饰

传统的奶油蛋糕，只能做出基本的花、果、叶的形象。而做成卡通造型的蛋糕，活泼的配色，可爱的形象，形态多样，不拘一格，令人眼前一亮，带来的仪式感满满，尤其在儿童群体里非常受欢迎。

### 6. 私人定制和个人爱好收藏

可根据客户要求的卡通形象，进行一对一的翻糖蛋糕的定制。

## 子任务一

# 小牛仔

1 取人偶干佩斯加入肉色食用色素制作头部，固定在锥形棒上，并用圆柱形工具向下压出鼻子部分的凹陷，这个凹陷也是制作眼睛的位置。

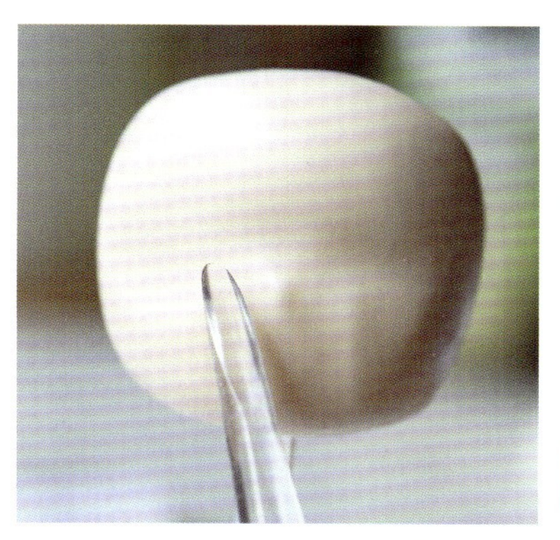

2 用塑料开眼刀从左右两边向中间挤出鼻头。

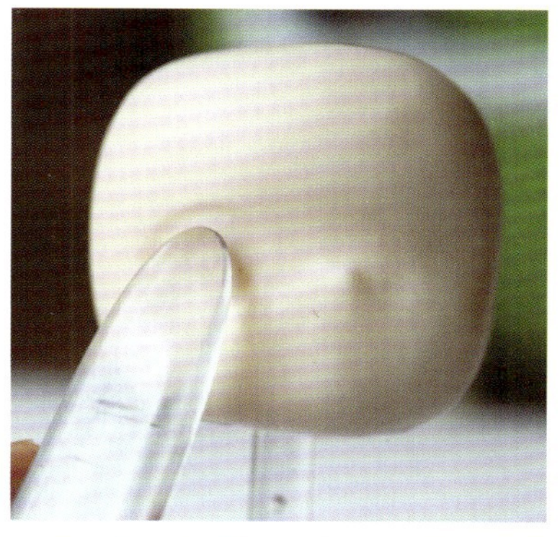

3 用小号主刀向上和向下推挤出眼睛所在位置的轮廓，也就是基本定位。

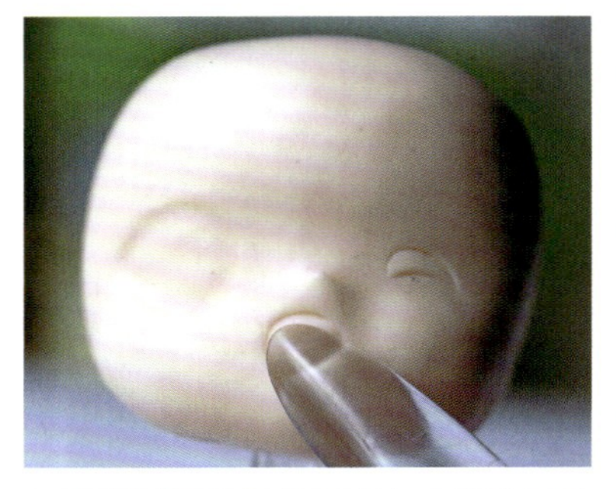

4 用塑料开眼刀的平面向上借助刀具的弧度开出嘴巴，在这里可以根据嘴巴的大小选择用开眼刀的大头或小头。

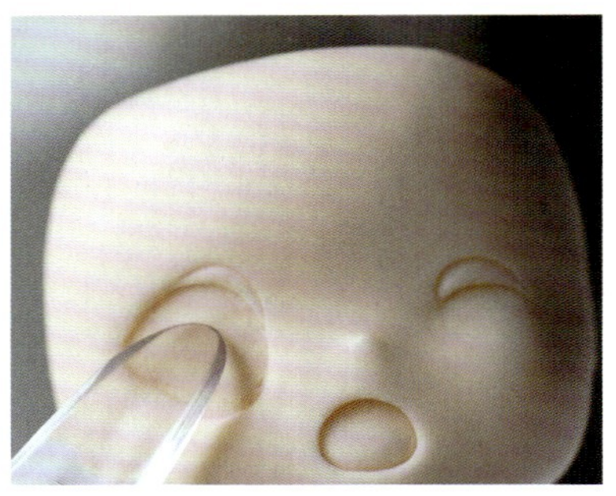

5 用塑料开眼刀向上推挤出双眼皮。

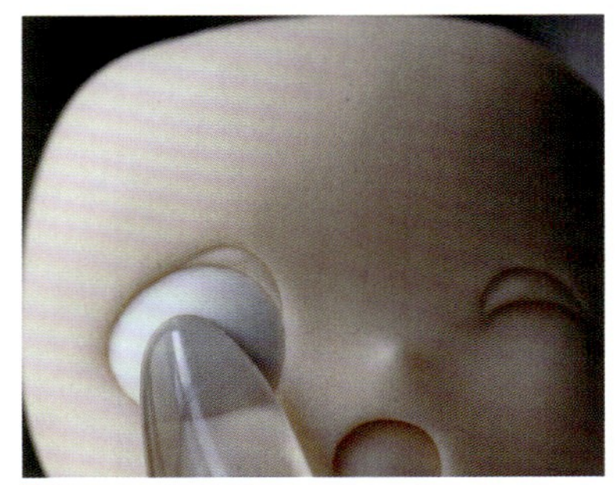

6 刷糖花胶水后贴上眼白，眼白部分可以使用柔瓷干佩斯加白色色素调配。

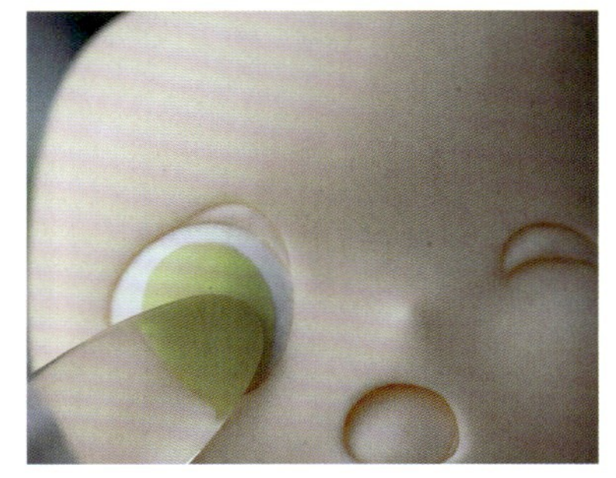

7 用塑料开眼刀将绿色干佩斯压扁形成瞳孔。

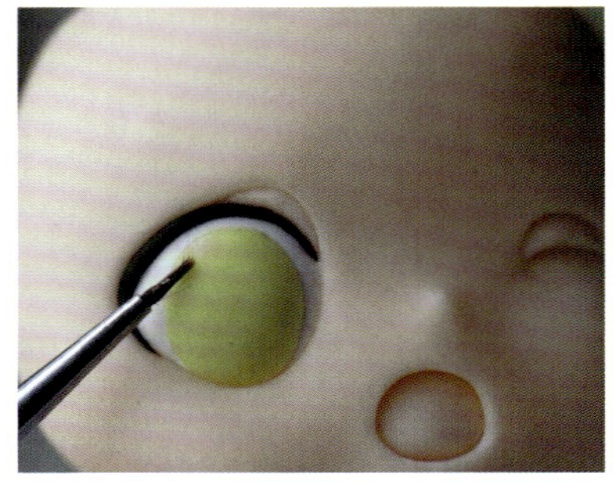

8 贴出上眼皮的黑色眼线，用柔瓷干佩斯加黑色色素或竹炭粉调色后制成。

9 用 00000 号勾线笔沾上用水稀释后的咖啡色和黑色色素画出眼珠轮廓，在鼻子以下的部分用塑料开眼刀按形状压出两条弯曲的线条当嘴巴。

10 用 000 号勾线笔在眼珠下方刷上深一点的黄绿色色粉，注意越靠下颜色越深。

11 用 000 号勾线笔在眼珠上方刷上深一点的绿色色粉，注意越靠上颜色越深。

12 在眼珠正中间用色粉点出更深色的瞳孔部分。

13 用 00000 号勾线笔画出正中间瞳孔的外框。

14 用 00000 号勾线笔画出瞳孔与眼珠之间的内框。

15 用白色色膏画出高光。

16 用粉刷沾深米色色粉涂刷脸蛋，这样看起来更加鲜活，并用调淡后的咖啡色色素画出嘴巴的颜色。

17 用毛笔画出腮红上的线条，这种线条通常用于表达害羞的感觉。

18 用白色的人偶干佩斯填充身体。

19 填充腿部。

20 填充手臂，以上三部分的填充尽量以清瘦为主。

21 用中号主刀向下推挤出人物的衣服褶皱。

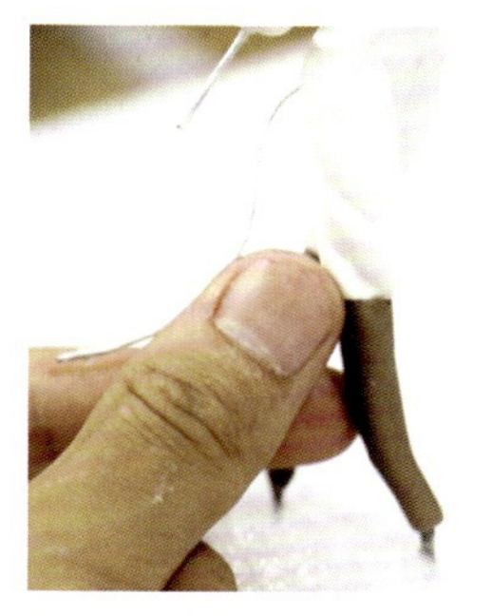

22 贴出咖啡色的小腿。

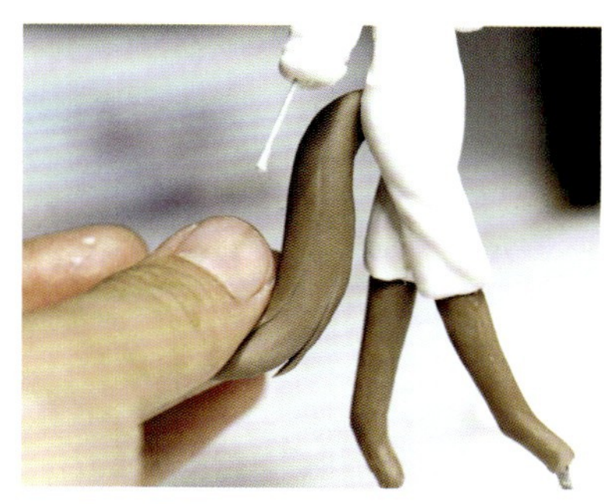

23 贴出尾巴，弯出弧度。

24 用塑料开眼刀向后拖拉划出尾巴的线条。

25 切出黑色的小马蹄。

26 小马蹄安装在脚部。

27 用 00000 号勾线笔画出衣服上的花纹。

28 制作裤子。擀成片状的咖啡色柔瓷干佩斯包在身上。

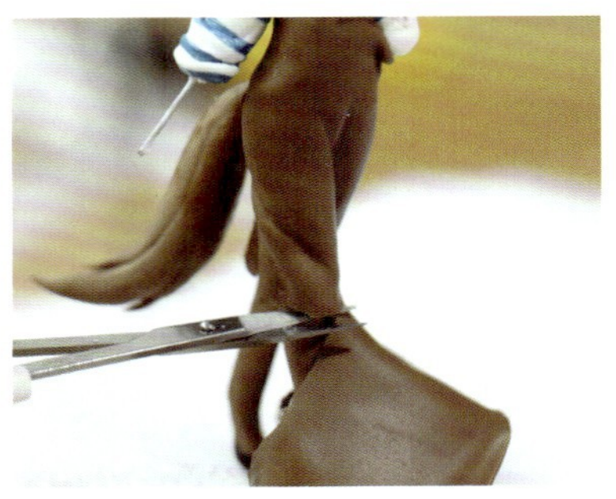

29 用剪刀去除腿部多余的材料。

30 用美工刀去除裤子上部多余的材料，露出腰部。

31 安装用柔瓷干佩裁剪出来的细条充当背带。

32 贴上腹部前裤子的装饰腰带。

33 安装一个圆片，用工具点 4 个洞作为扣子。

34 贴上裤腿边。

35 安装小臂，注意上粗下细。

36 制作并安装后脑勺的头发。

37 安装侧脸的头发，这部分可以使得脸型大小发生明显的变化。

38 安装第一绺刘海。

39 用塑料开眼刀划出发丝并继续安装刘海。

40 安装好所有头发并用塑料开眼刀划出发丝。

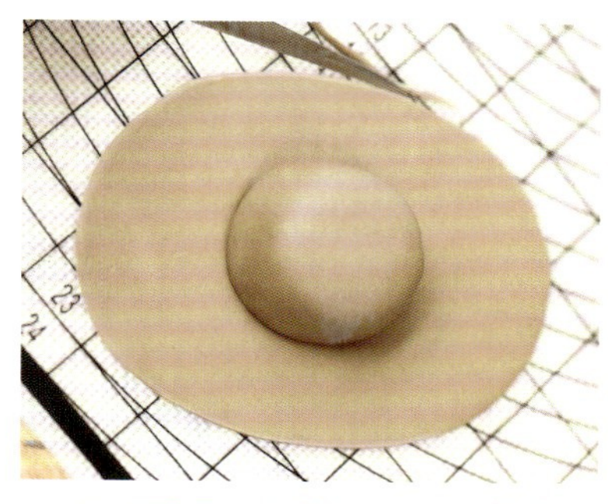

41 制作帽子。裁剪出一个椭圆形的人偶干佩斯片，上面添加一个上小下大的圆柱体。

42 在圆柱体的根部包边，这样做好的帽子就看不到接口了。

43 帽子上安装马耳朵作为装饰。

44 安装手。

45 制作苹果并安装好。

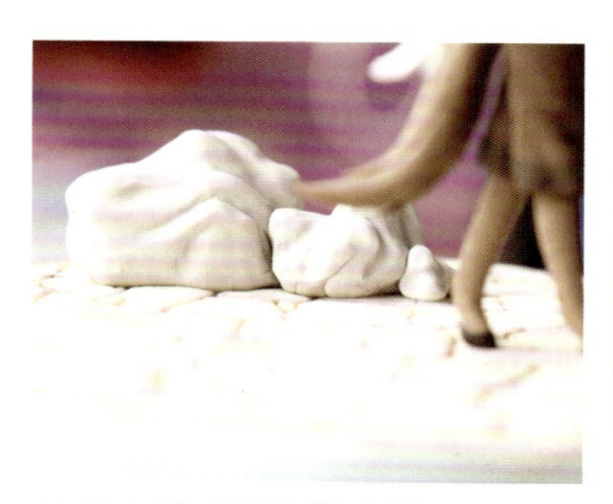

46 用人偶干佩斯制作出岩石。

47 制作小草。用橄榄绿色素给柔瓷干佩斯调色并擀得一边厚一边薄，这样制作出来的草支撑性比较好。

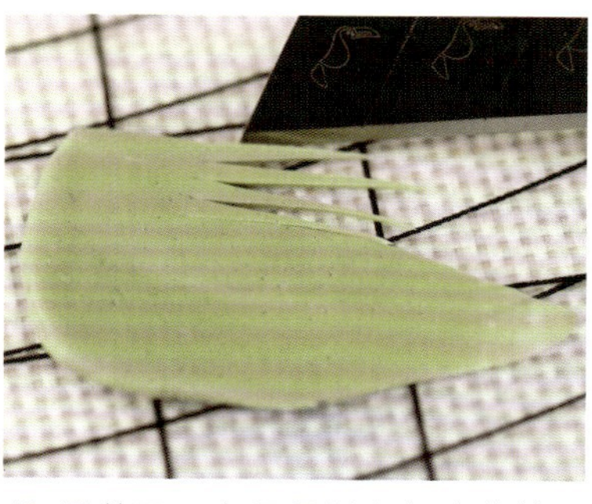

48 用美工刀在干佩斯上切出草的形状，注意上尖下宽。

49 将切好的干佩斯卷起来一簇，草就做好了。

50 草刷糖花胶水后装点到合适的位置，如最常见的长草的地方——石头缝隙。

51 将做好的苹果随意粘到地板上作为装饰。

## 子任务二

# 古风少女

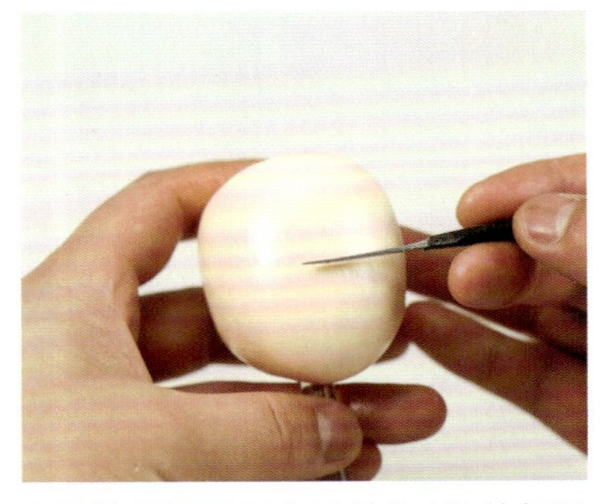

1 用铁质开眼刀在材料的 1/2 处标记一下。

2 用锥形刀压出鼻子的位置。

3 用塑料开眼刀推出鼻尖，并且压出眼眶的深度。

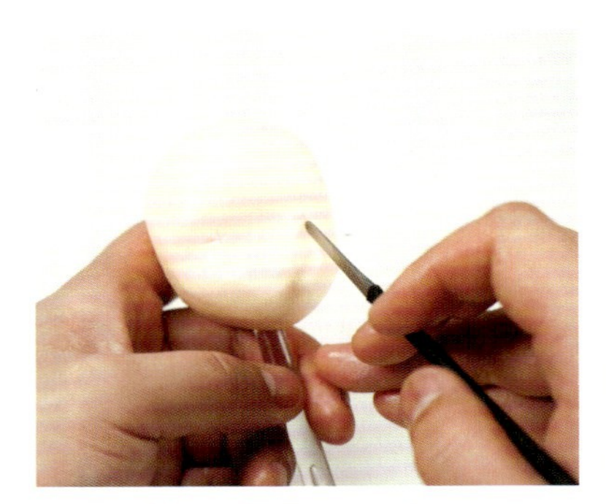

4 用铁质开眼刀标记出眼睛的位置。

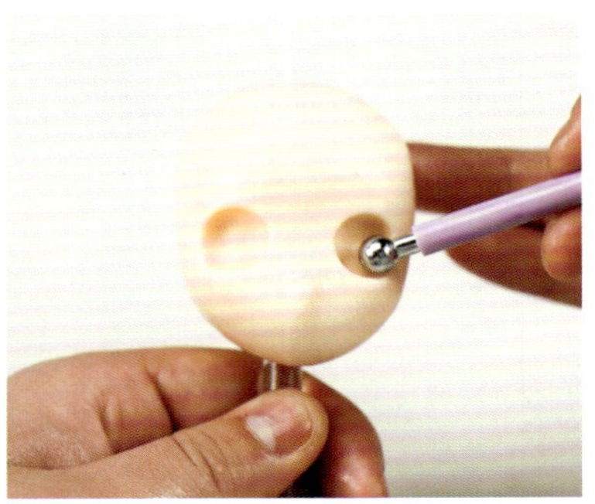

5 用大球刀做出眼眶。

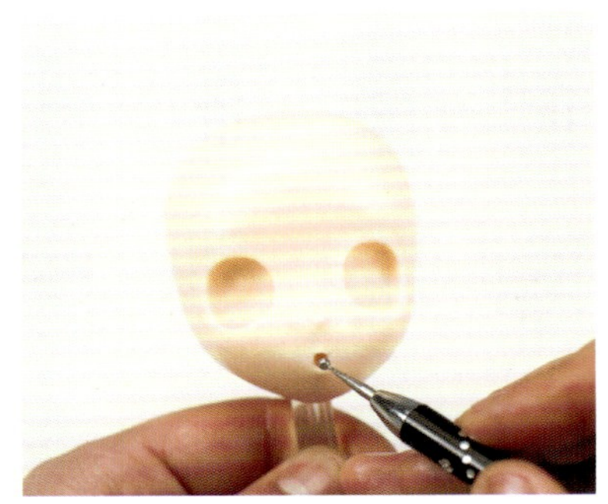

6 用黑色的小球刀做出嘴巴。

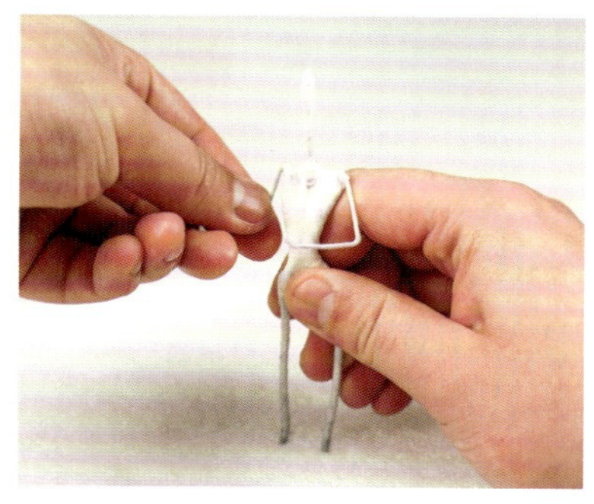

7 用铁丝提前搭好支架。给支架造型。

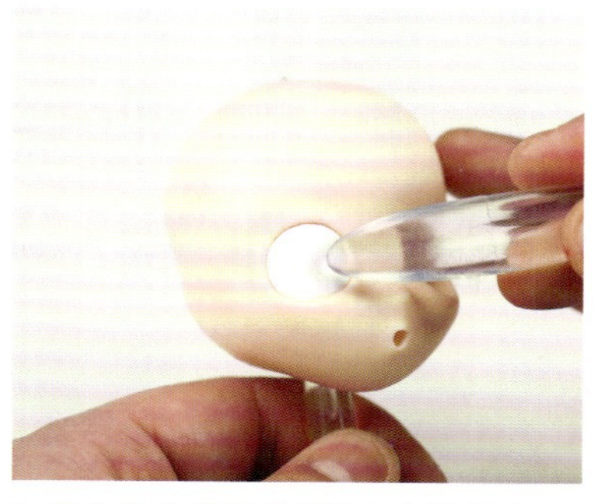

8 用白色人偶干佩斯填充在眼眶内。

9 玫红色人偶干佩斯贴在眼白上。

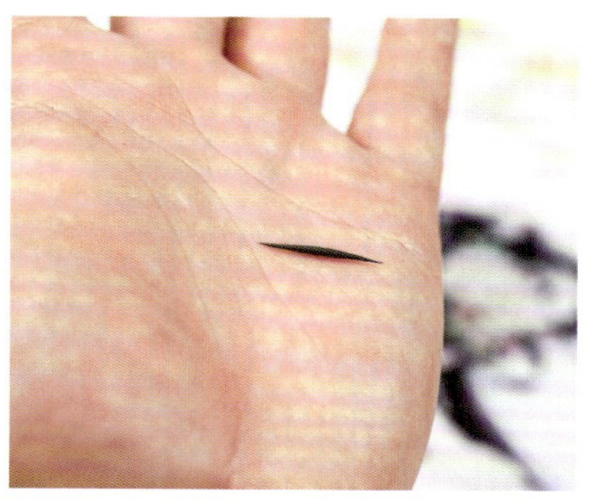

10 用一点点黑色人偶干佩斯搓成中间粗两头细的条当眼线。

11 粘在眼眶和眼白的缝隙处。

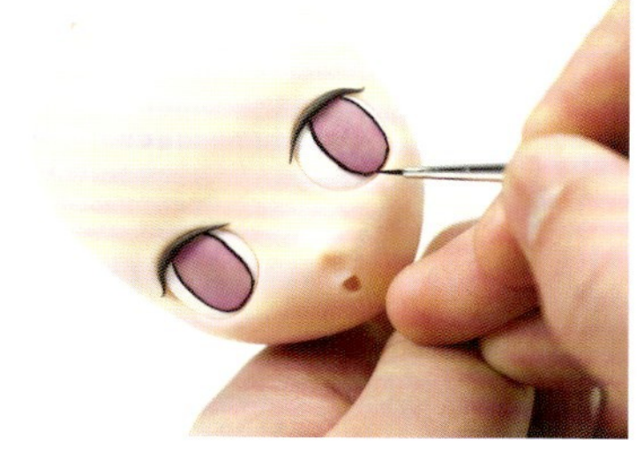

12 用 00000 号勾线笔沿着玫红色的边缘画一圈。

13 用黑色色粉画出瞳孔。

14 加粗眼线，画出双眼皮。

15 画出下睫毛。用白色色膏点出眼睛的高光。

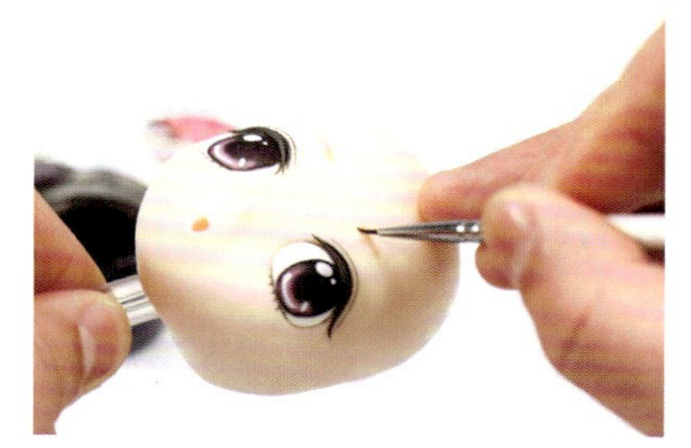

16 用 000 号勾线笔画出眉毛。

17 在眉心画出花钿的深色部分。

18 加一点白色色膏把颜色调浅一些，画出花钿的浅色部分。

19 取人偶干佩斯搓成水滴状后贴在耳朵的位置，用中号主刀把耳朵和头部做好衔接。

20 刻出外耳轮廓。

21 用黑色小球刀压出耳洞。

22 用绿色小球刀压出下耳洞。

23 用中号主刀在耳垂的上方压出弧度，做出耳垂。同法制作另一只耳朵。

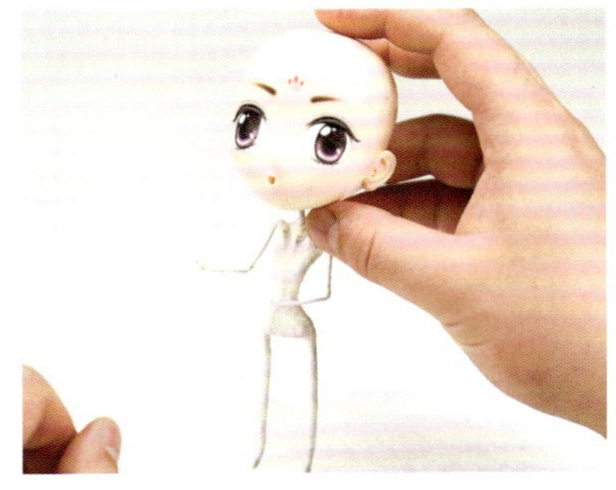

24 把头部固定在制作好的支架上。

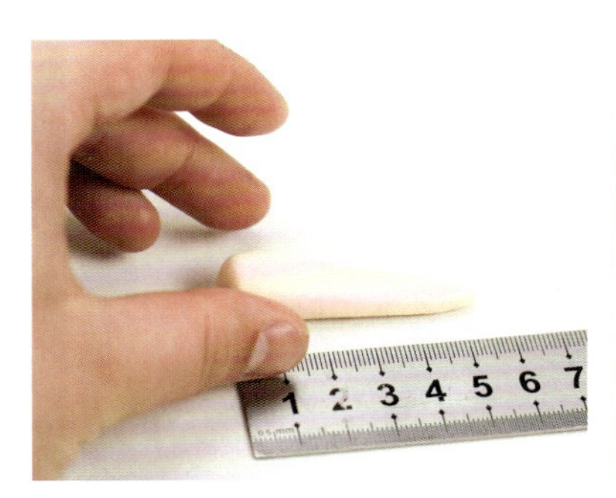


25 制作身体。把人偶干佩斯搓成上粗下细的形状，长度 5 厘米。

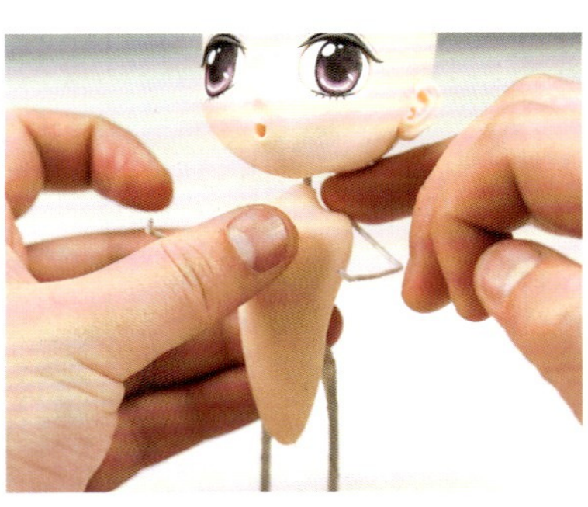

26 压扁后粘在支架前胸的位置。

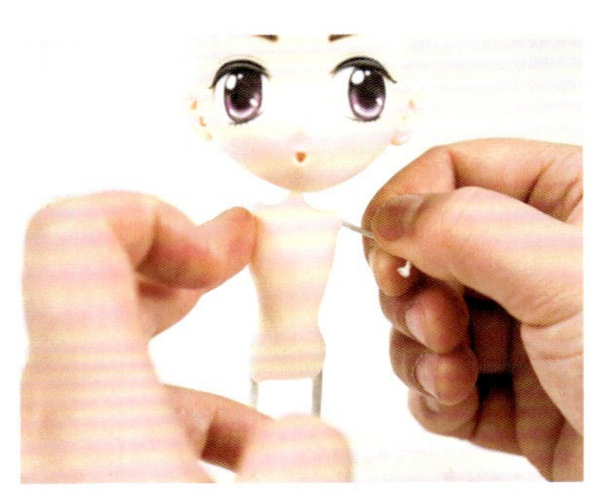

27 把从腰到肩膀的材料往后收细一些，腰的位置最细。

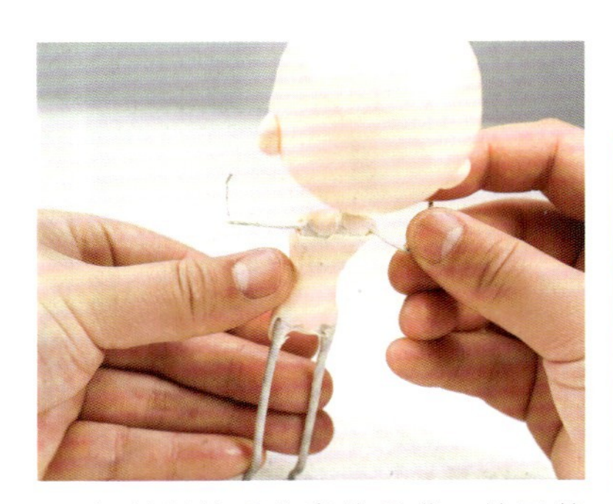

28 把材料往后拉裹住后背，抹平整一些。

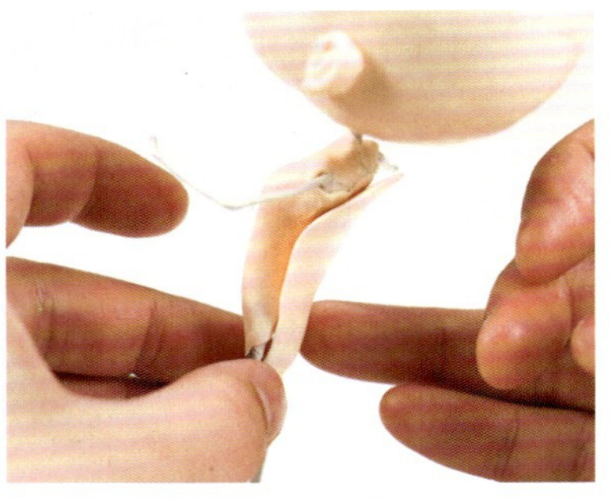

29 后背再单独贴一块糖皮。

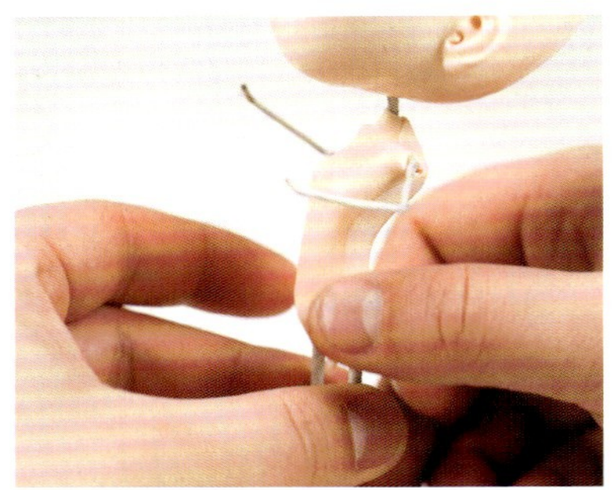

30 抹平接口部分。

31 制作腿。取一块人偶干佩斯搓成上粗下细的条。用美工刀从中间切开。

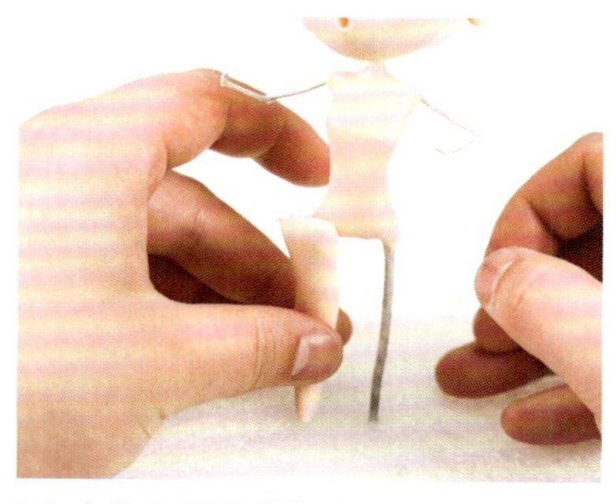

32 安装在腿部支架上。

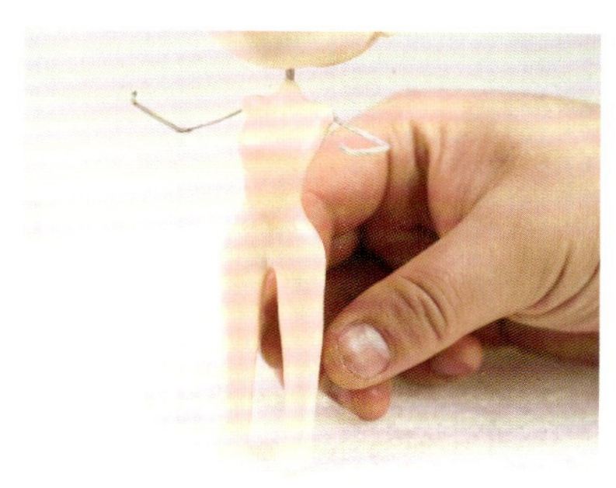

33 两条腿都安好。

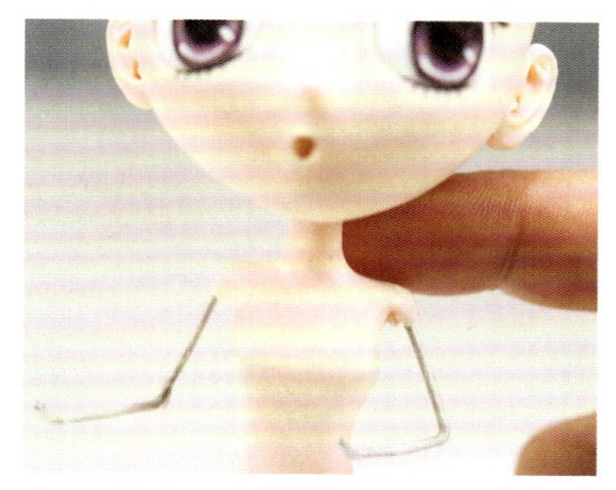

34 制作出脖子。

35 制作裙子。擀一片长方形的糖皮，折叠上方形成褶皱。

36 涂上糖花胶水后粘在身体上。

37 裙边底部往内卷进去，并且用勾线笔加固一下粘贴好的部分。

38 调整裙子底部的褶皱。

39 制作后面的裙子并粘好，调整褶皱，盖住衔接的部分。

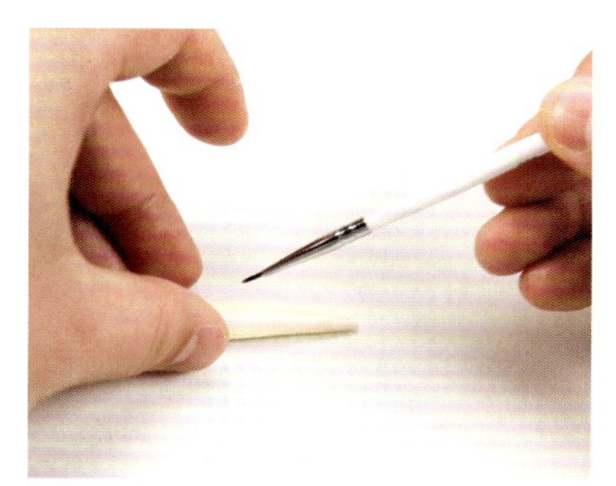

40 制作手臂。搓一个上粗下细的糖条。

41 安装在支架上。

42 使用碾花棒尖头的部分压出袖子上的纹理。

43 两只手臂都安好，压出袖子上的褶皱。

44 擀一片糖皮裁成图片上的形状。

45 从后面往前贴在胸前的位置。

46 对应手臂的位置切一个口，然后粘在身体两侧。

47 后面也粘好。

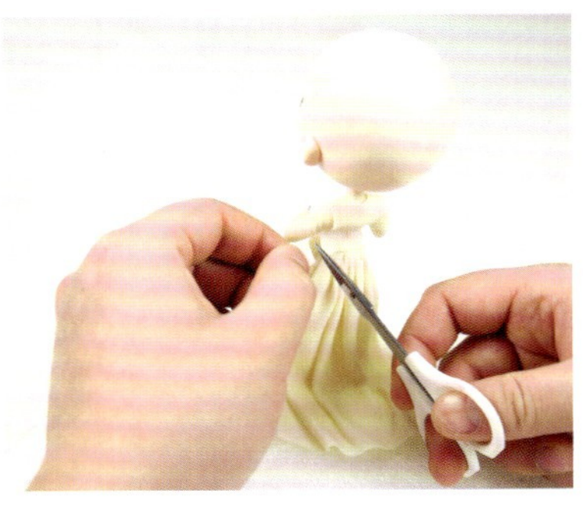

48 剪掉多余的材料，使接口放在身体两侧。

49 把上衣和袖子做好衔接。

50 另一边也衔接好。

51 裁长条形糖皮，从脖子后方往前粘贴成衣领的形状。

52 切除多余的材料。

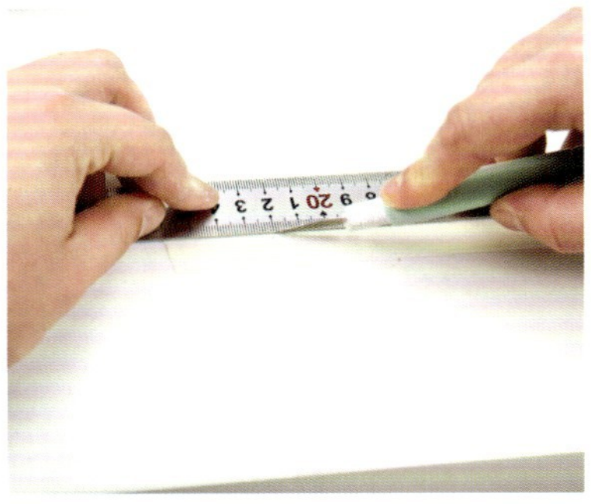

53 裁一条略微宽一点的糖皮。

54 粘贴在衣领的下方当裹胸。

55 然后把两边的材料往后拉衔接好。

56 裁一条粉色糖皮粘贴在裹胸的上沿。

57 衣领处也粘一条细一点的糖皮。

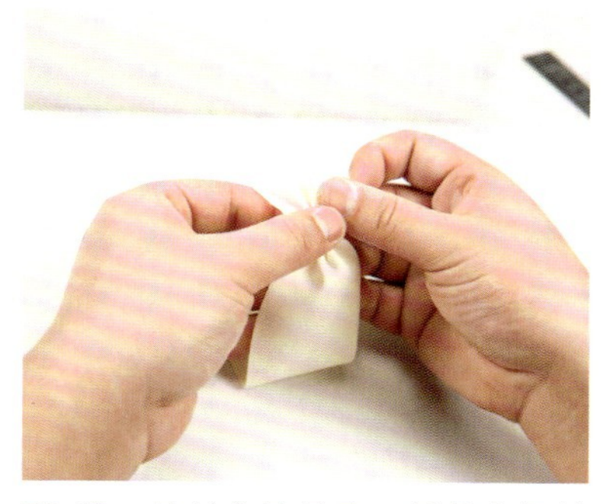

58 裁一片长方片糖皮，折叠中间的部分。

59 折叠好的部分安装在小臂上。

60 梳理好袖子上的褶皱。

61 制作右边袖子，梳理袖子上的褶皱。

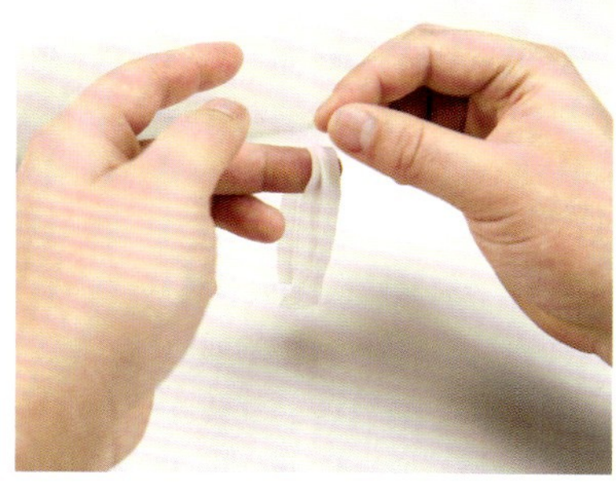

62 准备两条白色的糖皮，折叠中间的部分。

63 粘在两边袖口上。

64 准备一块糖皮裁成如图的形状。

65 用勾线笔压出边缘的褶皱。

66 折叠糖皮上方，形成褶皱。

**67** 贴在袖子的内侧。

**68** 另外擀一片糖皮。

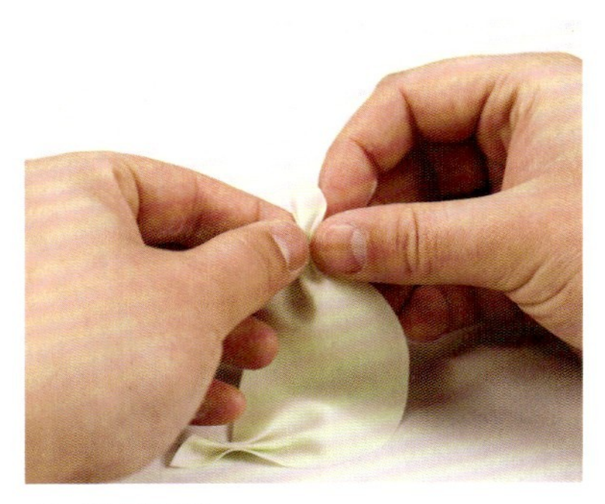

**69** 折叠两侧。

**70** 梳理一下褶皱。

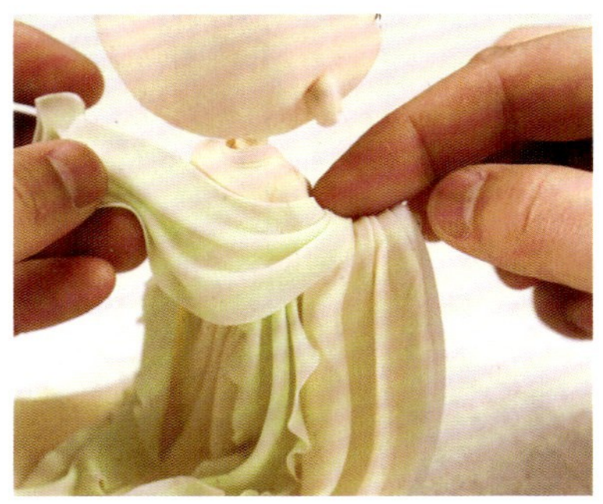

**71** 粘贴在手臂的内侧当披帛。

**72** 使用碾花棒梳理褶皱。

**73** 制作头发。取 8 厘米长黑色糖皮压出头发的纹理。制作 2 块。

**74** 安装好，切除多余的材料。

**75** 头发底部做好衔接。

**76** 继续制作并粘贴头发。

**77** 制作一片宽一点的头发。

**78** 粘贴在后脑勺的位置。

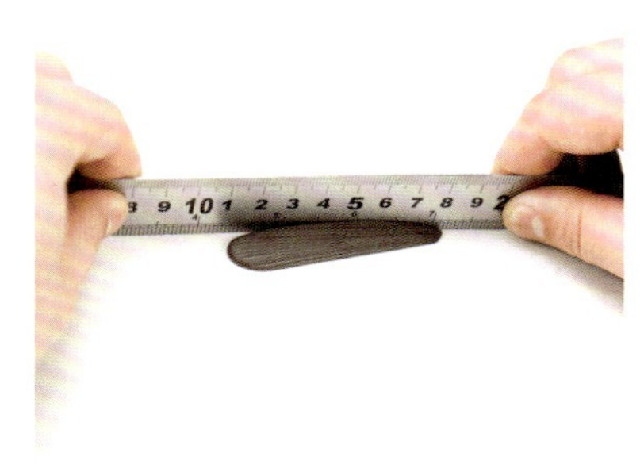

79 制作长条的头发。

80 安装在后脑勺头发的两侧。

81 继续制作两边的头发安装好，切除多余的材料。

82 再制作两片中间的头发并粘好。

83 制作细长的头发，依次往上贴。

84 调整头发的角度。

85 制作大小不同的刘海依次粘好。

86 鬓角的头发也需要贴上去。

87 压两片宽一点的头发，在鬓角的上方粘好，并挽到后脑勺连接好。

88 两边的衔接处粘贴好。

89 制作粗细不同的头发，卷成盘发。

90 粘在后脑勺，制作两个粘好。

91 制作头发，卷曲好，从中间按压变成两个环。

92 粘贴在盘发上。

93 继续制作并依次贴好头发。

94 制作好的头发用碾花棒压出一点凹陷。

95 制作花饰。用柔瓷干佩斯制成水滴形，大头部分用碾花棒压出凹痕，再压出花瓣的凹陷。

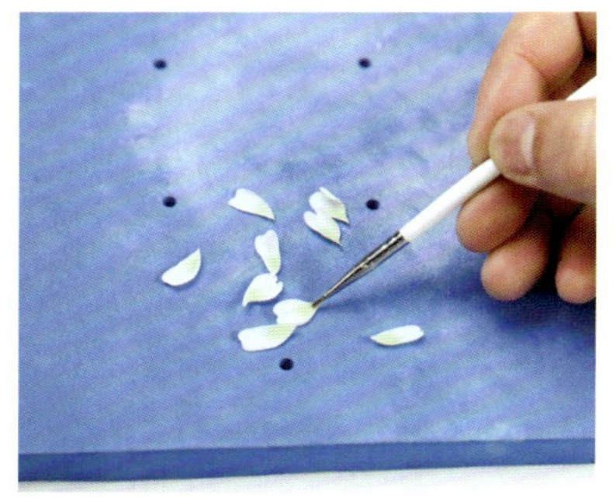

96 刷上绿色色粉。

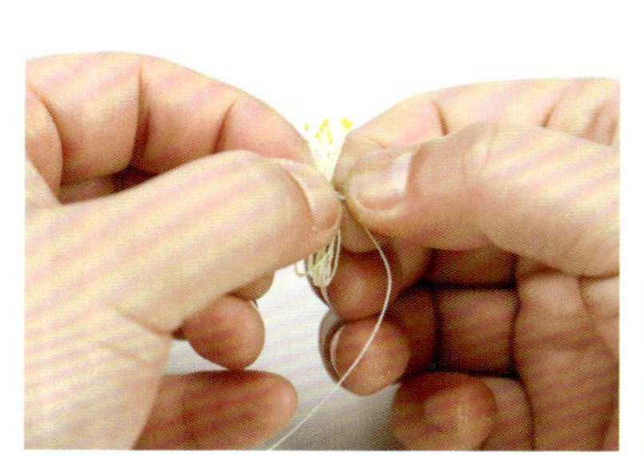

97 制作花蕊并绑好。

98 依次粘贴花瓣上去。

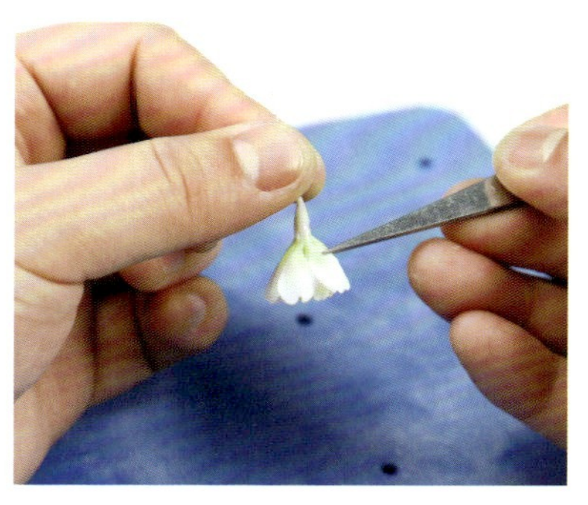

99 粘贴好花瓣后可以倒挂定型。

100 制作好的花展示。

101 把制作好的花粘贴在如图位置。

102 做出类似花瓣形状的配件。

103 粘贴制作好的配件。

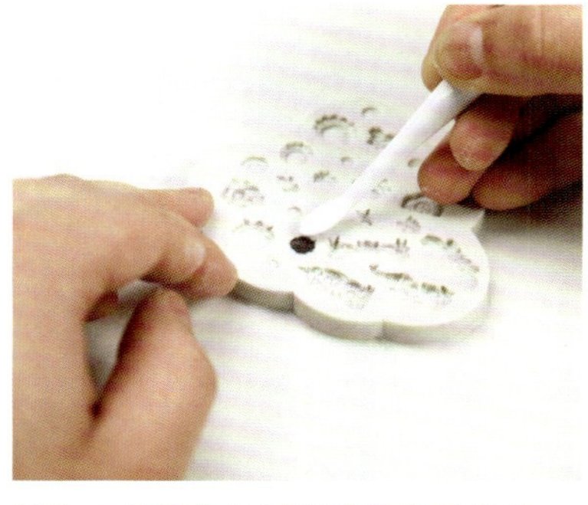

104 一些配件也可以使用模具制作。

105 用模具制作出来的一些配件。

106 制作如图式样的配饰。

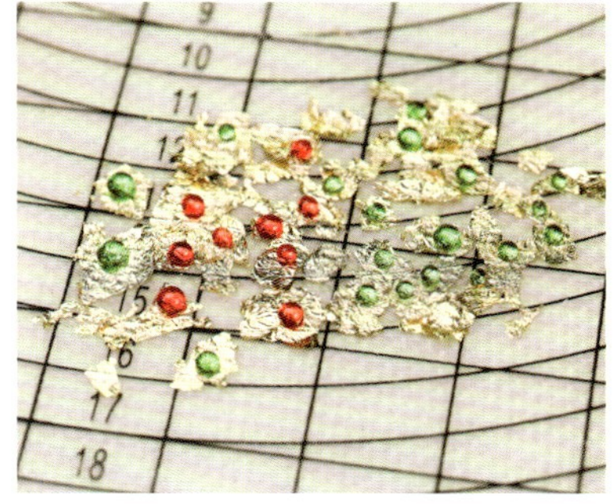

107 熬好的艾素糖滴在金箔上，然后剪下来当头饰。

108 艾素糖珠固定在制作好的配件上。

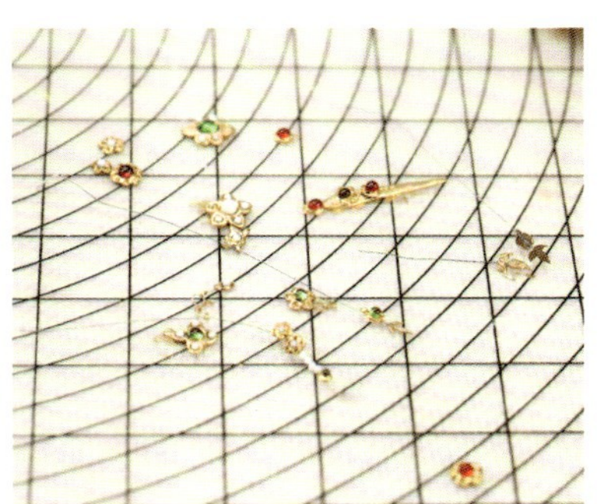

109 给制作好的配件刷上金粉。

110 安装配件。

111 安装制作好的耳环。

112 制作发带粘在发环上，剪掉多余的材料。

113 发带上粘配件。制作包裹了细铁丝的飘带，安装在头发下方后摆好造型。

114 制作手。搓一个细条后把前面压扁一些。

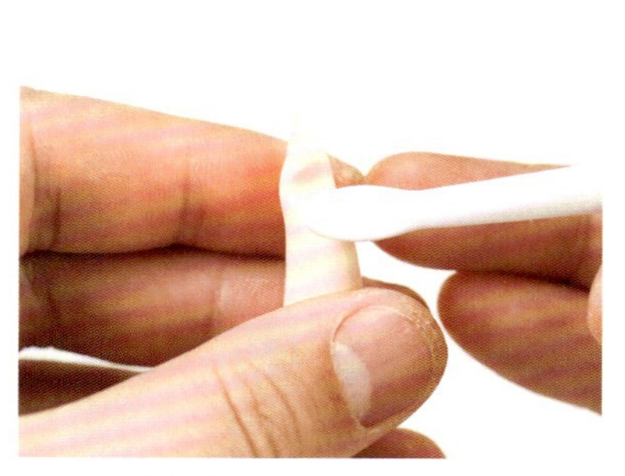

115 用碾花棒压出手腕。

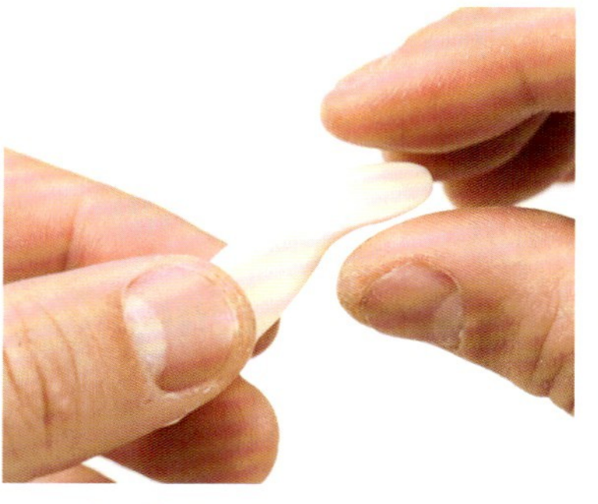

116 捏成手掌的形状。

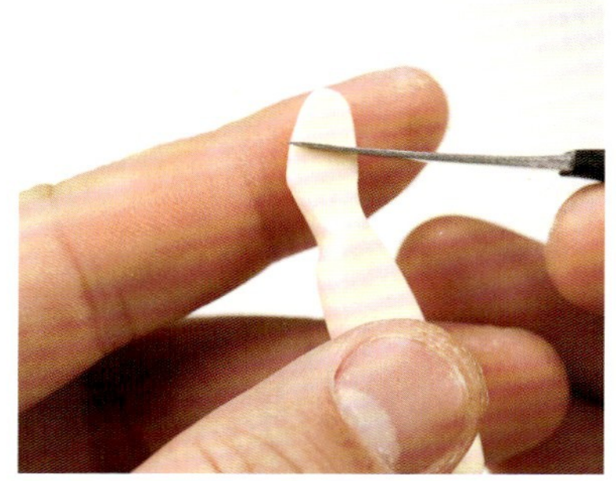

117 用铁质开眼刀分出手指和手掌。

118 剪出大拇指和其余 4 根手指，并把手指头搓细长一些。

119 压出手与手腕的边界。

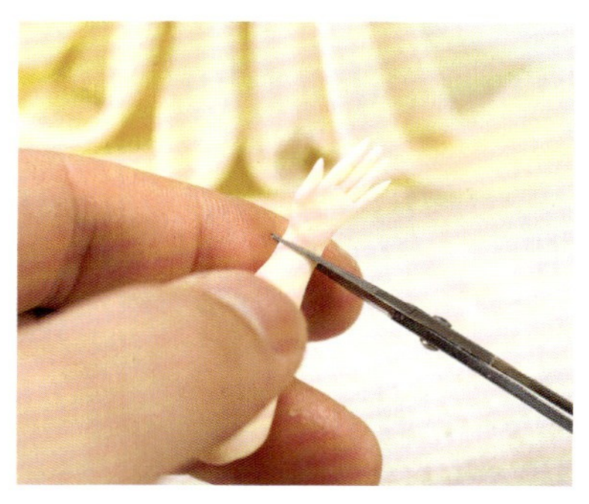

120 剪去多余的材料。

121 安装两只手并调整造型。

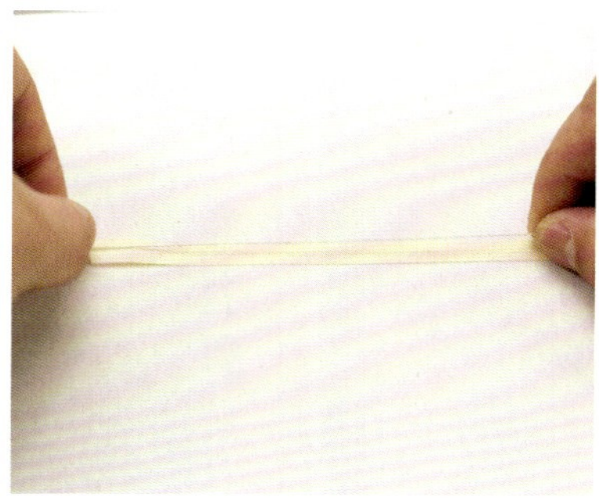

122 糖皮包裹住铁丝制作成飘带。

123 安装并调整飘带的形状。

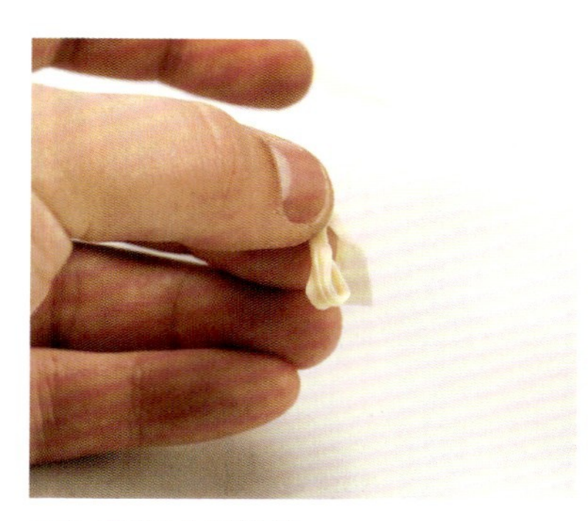

124 制作出蝴蝶结。

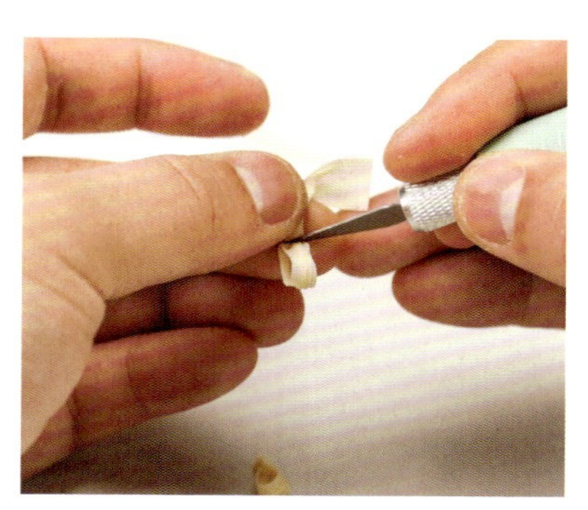

125 裁去多余的材料。

126 蝴蝶结安装上去。

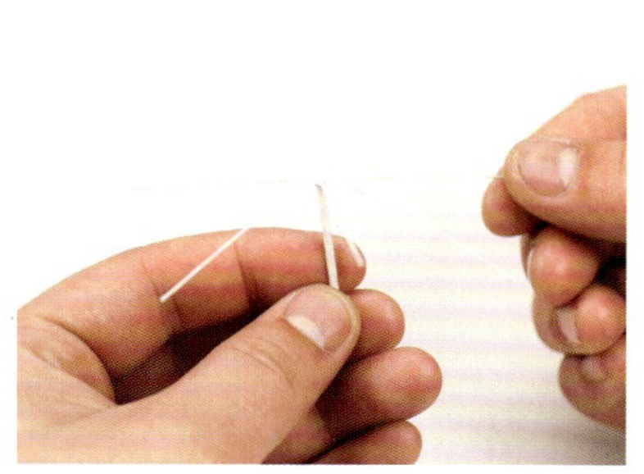

127 用铁丝制作出伞的骨架。

128 然后把铁丝固定在晾干的圆形糖皮上。

129 剪掉多余的铁丝，制作伞的配件和支撑。

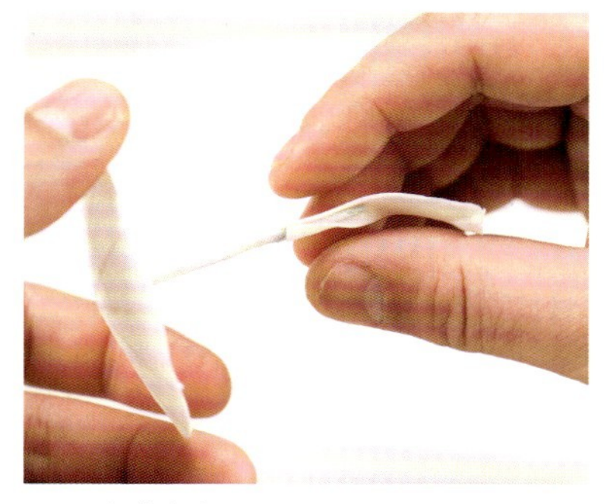

130 包裹好把手。

131 伞上方粘上圆片，安装上伞尖，在伞上画一些竹子。

132 伞的内侧喷一些绿色，支架刷上金粉。

133 伞安装好，末端刷上一些金粉。

134 眼睛下方刷一些腮红。

135 嘴巴里面刷一些阴影。

136 指尖刷上色粉。

137 裙子周围、袖子及蛋糕底部的边缘喷上阴影色。

138 放一些制作好的花瓣。

## 拓展知识

翻糖卡通人偶蛋糕作品示例。

## 质量标准

造型明确具象，色彩鲜艳明快。

## 任务评价

填写翻糖卡通人偶制作评价表。

翻糖卡通人偶制作评价表

| 班级 | | 姓名 | | 日期：　年　月　日 | |
|---|---|---|---|---|---|
| 序号 | 评价指标（每项20分） | | 自评 | 组评 | 师评 |
| 1 | 工具、材料准备情况 | | | | |
| 2 | 五官比例是否协调 | | | | |
| 3 | 姿态是否自然大方 | | | | |
| 4 | 色彩搭配是否自然和谐 | | | | |
| 5 | 造型是否明确具象 | | | | |
| 备注 | 总分100分，80分为优秀，70分为良好，60分为合格，60分以下为不合格，<br>总分=自评（30%）+组评（30%）+师评（40%） | | | | |

独立设计并制作一款翻糖卡通人偶。

翻糖古风人偶蛋糕作品示例。

凤求凰　猫姐长相思　女武神

踏雪行　太阳神　印度新娘

# 参考文献


[1] 新东方烹饪教育. 手把手教你做翻糖人偶[M]. 北京：中国人民大学出版社，2018.

[2] 王森. 精巧小糖艺制作图典[M]. 郑州：河南科学技术出版社，2016.

[3] 新东方烹饪教育. 我的翻糖艺术[M]. 北京：中国人民大学出版社，2017.

[4] 王森. 超可爱翻糖蛋糕[M]. 郑州：河南科学技术出版社，2016.

[5] 王森. 唯美翻糖[M]. 福州：福建科学技术出版社，2016.

[6] 王森. 西式面点师：中级[M]. 北京：机械工业出版社，2022.